地下工程约束混凝土
控制理论与工程实践

Control Theory and Engineering Practice of Confined
Concrete in Underground Engineering

王 琦 江 贝 杨 军 著

U0262874

科 学 出 版 社

北 京

内 容 简 介

本书系统阐述地下工程软弱围岩的变形破坏及高强控制机制，提出约束混凝土高强支护体系，阐明约束混凝土支护体系的承载特性，形成约束混凝土拱架计算理论和设计方法，并详细介绍支护体系在地下工程建设中应用的典型案例。

本书可供岩土工程、矿山工程、隧道工程等相关领域的科研人员及从事设计、施工、监理等工作的工程技术人员参考。

图书在版编目(CIP)数据

地下工程约束混凝土控制理论与工程实践 = Control Theory and Engineering Practice of Confined Concrete in Underground Engineering / 王琦，江贝，杨军著. —北京：科学出版社，2019.1

ISBN 978-7-03-058756-5

Ⅰ. ①地… Ⅱ. ①王… ②江… ③杨… Ⅲ. ①地下工程–混凝土–围岩控制–研究 Ⅳ. ①TU94

中国版本图书馆CIP数据核字(2018)第207846号

责任编辑：李 雪 / 责任校对：王萌萌
责任印制：吴兆东 / 封面设计：无极书装

科 学 出 版 社 出版
北京东黄城根北街 16 号
邮政编码：100717
http://www.sciencep.com
北京建宏印刷有限公司 印刷
科学出版社发行 各地新华书店经销

*

2019 年 1 月第 一 版 开本：720×1000 1/16
2019 年 1 月第一次印刷 印张：17
字数：340 000

定价：116.00 元
(如有印装质量问题，我社负责调换)

前　言

随着国民经济的快速发展及能源需求的持续增加，我国已成为世界上交通隧道、矿山巷道等地下工程建设规模和建设速度第一大国。在交通隧道方面，近年来我国公路、铁路隧道建设里程大，增长率迅速提高；在矿山巷道方面，我国是煤炭资源丰富的国家，每年掘进的巷道总长达 1.3 万 km，且在未来相当长的时期内，煤炭作为主体能源的地位不会改变。

随着交通流量的日益增长和浅部煤炭资源的日趋减少，对深部煤矿开采及更大断面隧道的需求更加迫切，可以预见未来几十年内，一大批大断面、长洞线的隧道及巷道工程即将修建在大埋深、高应力、极软岩、破碎带等复杂条件地层中。复杂条件对围岩稳定控制及施工安全带来极大挑战，该类条件的地下工程建设成为未来工程建设的重要课题。

近几十年来，国内外学者基于理论分析、数值计算、模型试验和现场监测等手段，对地下工程围岩变形破坏机理及控制技术进行了大量研究，解决了地下工程围岩变形破坏的基本问题，为地下工程安全施工奠定了基础。但在复杂地质条件下，常规支护体系的支护强度难以满足围岩控制要求，出现了支护体系破断失效、围岩大变形、塌方、冒顶等工程事故。

为此，作者围绕复杂条件地下工程围岩破坏机理与控制技术中存在的主要问题，提出适用于交通隧道、矿山巷道的高强约束混凝土支护体系，针对约束混凝土支护体系的力学特性及设计、施工方法进行系统的研究。

本书是作者多年来在地下工程围岩稳定控制方面研究成果的总结。第 1 章阐述当前我国地下工程的发展概况，分析复杂条件地下工程围岩变形破坏机理和稳定控制技术的研究现状。第 2 章基于"高强、让压、完整"耦合支护理念，提出复杂条件地下工程约束混凝土支护体系，研究围岩高强控制机制和约束混凝土支护的必要性。第 3 章系统研究约束混凝土基本构件及节点的轴压、纯弯和压弯力学性能，明确其承载机制，同时研究留设灌浆口的约束混凝土构件补强机制。第 4 章建立约束混凝土拱架"非等刚度、任意节数"内力计算模型，明确不同参数对拱架内力的影响规律，建立约束混凝土承载能力计算理论。第 5 章研发地下工程约束混凝土拱架全比尺力学试验系统，开展不同条件下约束混凝土拱架系列对比试验，明确约束混凝土拱架的承载机制及其影响因素。第 6 章提出约束混凝土支护体系设计方法，建立约束混凝土支护体系成套施工工法，指导约束混凝土支护体系在典型软岩矿山巷道和复杂条件大断面交通隧道工程中成功应用。本书内容可为约束混凝土支护体系的推广应用提供理论基础及经验借鉴。

在本书编写过程中，研究团队成员秦乾、许硕、鹿伟、孙会彬、栾英成、高红科、刘博宏、黄玉兵、曾昭楠、周开放、田士景、王雷、寻传林、樊祥福、张涛、许英东、张皓杰、蒋振华、张朋、郭金晖、李为腾、王德超、王洪涛、潘锐、邵行、于恒昌、高松、陈红宾、李智、王帅等做了大量工作，同时得到了许多专家、学者、现场工程技术人员的支持，另外，引用了许多国内外专家的文献资料，在此对这些专家学者及团队成员表示诚挚的谢意。本书的出版得到了国家自然科学基金项目（编号：51874188、51674154、51474095、51674265、51704125）、山东省重点研发计划项目（编号：2017GGX30101、2018GGX109001）、中国博士后科学基金项目（编号：2017T100116、2017T100491、2016M590150、2016M602144）、山东省自然科学基金项目（编号：ZR2017QEE013）、深部岩土力学与地下工程国家重点实验室开放基金项目（编号：SKLGDUEK1817、SKLGDUEK1717）、煤炭资源与安全开采国家重点实验室开放基金项目（编号：SKLCRSM18KF012）、山东大学青年学者未来计划项目（编号：2018WLJH76）、山东大学齐鲁青年学者计划的资助，在此一并表示衷心的感谢。

书中不当之处，恳请广大读者批评指正。

作 者

2018 年 8 月

目　　录

第1章 绪 论

1.1 地下工程发展概述

近年来,我国地下工程建设得到了前所未有的发展,我国已成为世界地下工程建设规模和建设速度第一大国。在交通隧道方面,截至 2018 年底,我国公路隧道约 16200 处,总长约 15285.1km,其中特长隧道(指长度大于 3km 的公路隧道)约 900 处,长隧道(指长度大于 1km、小于 3km 的公路隧道)约 3800 处。在矿山巷道方面,我国是煤炭资源最为丰富的国家,2015 年煤炭产量为 37.5 亿 t,占全世界的 47%,煤炭产量和煤矿数量均居世界首位,煤炭在一次能源构成中占 63%,预计到 2030 年依然将占 55%,在未来相当长时期内,煤炭作为主体能源的地位不会改变。我国矿山数量多、分布广,每年掘进的巷道总长达 1.3 万 km,巷道工程规模巨大。

随着地下工程建设规模和速度的迅猛发展,越来越多的矿山巷道、交通隧道等工程修建在高应力、极软岩、强采动及断层破碎带等复杂地质条件区域。经过长期大规模开发,浅部煤炭资源已趋于枯竭,深部煤炭资源成为我国主体能源的战略保障。目前,我国埋深 1000m 以下的煤炭资源约占已探明储量的 53%,中东部主要矿井开采深度达到 800~1000m,埋深 1000m 以上的矿井超过 50 座。同时,一大批西部矿井修建在弱胶结地层中,泥化问题严重,自承能力极低,是我国软岩工程治理的新难题。此外,日益增长的交通流量对双向八车道等大断面隧道的需求更加迫切,越来越多的交通隧道修建在崇山峻岭等复杂地质条件中。受上述复杂条件影响,隧(巷)道围岩变形量大、持续时间长,传统支护体系破断失效,复修率高,冒顶、塌方等突发性工程灾害和重大事故频发,严重影响矿井正常生产及交通运营安全。

上述灾害事故难以遏制的重要原因在于复杂条件围岩控制机理不明确,支护设计过多依赖经验类比,锚杆(索)、型钢拱架等传统手段支护强度低。因此,研发高强、经济的支护技术是解决上述问题的关键。

约束混凝土外部结构的约束作用使核心混凝土具有更高的抗压强度,核心混凝土又保证了外部约束不易发生失稳破坏,约束结构与核心混凝土共同承载,使其具有钢材的高强度和延性及混凝土耐压和造价低廉的优点。约束混凝土拱架的承载能力是相同重量传统型钢拱架的 2~3 倍。近年来约束混凝土支护技术逐渐应用到复杂条件地下工程中,有效控制了围岩大变形,避免了多次复修,具有重要的推广价值。

1.2　地下工程围岩破坏控制理论发展概况

1.2.1　复杂条件地下工程围岩变形破坏机理

国内外学者基于地质力学模型试验、数值试验、现场监测等手段,对地下工程围岩变形破坏机理进行了大量研究。在地下工程施工过程中,高地应力、软岩、断层破碎带、偏压等复杂地质条件使围岩支护困难,造成变形破坏,严重影响施工安全。

Zhao 和 Zhang[1]采用大变形的计算方法,结合隧道物理模型试验,探讨了高应力条件下隧道围岩变形局部化与渐进破坏的关系,指出岩体单元的弹性变形和单元屈服后岩体的塑性挤出是隧道开挖后收敛变形的主要原因;田四明[2]针对隧道施工中出现的炭质页岩大变形、围岩与支护结构扭曲折断和破坏等问题,运用工程地质学和结构力学相关理论,揭示了高地应力炭质页岩变形破坏的力学机制;沙鹏等[3]通过采用现场实时监测、数值模拟等手段,获取高地应力条件下大断面隧道围岩与支护系统之间的接触压力;刘高和聂德新[4]论述了高应力软弱围岩的变形破坏特征和类型,从工程岩体围压状态变化和强度变化角度探讨了高应力软弱围岩的变形破坏机理;一些学者[5-7]利用极限分析方法来研究地下硐室拱顶围岩破裂机制,指出围岩应力水平与支护荷载对顶板围岩破裂机制影响较为显著,增大支护阻力是提高顶板稳定性的有效途径;Yoshinaka 等[8-10]对泥岩、凝灰岩、砂岩等软弱破碎岩石进行了试验研究,结果表明变形模量在高围压条件下呈非线性增加,随着围压的不断增加,轴向塑性应变及轴向应变随围压的增加倾向屈服;陈建平等[11]分析了变质软岩变形破坏的特征,研究了隧道变质软岩的塑性流动变形、偏压、物化膨胀、流变、应力扩容等变形破坏机理;谢俊峰和陈建平[12]研究了十漫高速公路火车岭隧道施工中出现的围岩大变形问题,研究了不同的因素对该隧道大变形机制的影响,结果表明围岩大变形为围岩塑性流动及围岩膨胀变形综合作用的结果;王树仁等[13]基于现场工程地质调查与大变形力学分析,确认了软岩隧道具有应力扩容型和结构变形型的复合型变形力学机制,提出了复合型变形力学机制向单一型变形力学机制转化的技术。

1.2.2　地下工程围岩控制理论

复杂条件地下工程围岩自稳能力差,如果控制不当极易出现大变形、拱顶塌落、初支衬砌开裂等破坏状况,给地下工程安全施工造成很大隐患。因此,国内外学者在地下工程围岩控制理论方面做了大量研究工作,形成了不同条件下的围岩控制理论。

1. 国外方面

国外学者近百年来对地下工程围岩控制理论的研究，概括起来形成如下六个主要阶段[14-24]：古典压力理论、塌落拱理论、弹塑性理论、新奥法、能量支护理论、应变控制理论，如表 1.1 所示。近几十年来，有限元、离散元等数值计算方法日趋成熟，出现了以 FLAC、UDEC、ABAQUS 为主的数值计算软件，在地下工程围岩控制方面得到了广泛应用[25-27]。Pan[28]回顾了地下结构设计理论的发展，阐述了基本设计原则，讨论了影响设计的各项因素和需要测定的参数，对各种适用的有限单元法依其功能作了分类和简介；Yu 和 Yang[29]针对III、IV级围岩，采用弹-黏塑性有限单元法分析预测不同类别隧道围岩变形；Ren 等[30]采用离散单元法，对节理岩体中的地下洞室在考虑随机节理空间分布的情况下的围岩稳定性进行数值分析；Wang[31]采用离散单元法，对节理裂隙岩体中大断面隧洞围岩及支护结构的共同作用及施工过程力学状态进行数值分析，数值计算结果与实测数据吻合。

表 1.1 国外学者对围岩控制理论的研究

时间	围岩控制理论	代表人物	主要内容
20 世纪 20 年代	古典压力理论	海姆、朗金和金尼克	支护结构的作用在于抵抗上覆岩层的重量
20 世纪 50 年代	塌落拱理论	太沙基、普洛托季雅克诺夫	隧道开挖之后，如不进行支护，隧道拱顶塌落形成塌落拱。支护结构受力主要来自塌落拱自重
20 世纪 60 年代	弹塑性理论	卡斯特奈、芬纳	支护结构主要作用在于抵抗围岩变形压力
20 世纪 60 年代	新奥法	Rabcewic	强调地下工程初期支护主要发挥围岩的自承能力，并及时监控量测，观察变形
20 世纪 70 年代	能量支护理论	Salamon	根据能量守恒原理，围岩变形释放的能量由支护结构吸收，总能量保持不变
20 世纪 70 年代	应变控制理论	山地宏和樱井春辅	隧道围岩支护结构越强，围岩应变就越小，容许应变就越大

2. 国内方面

国内许多学者在地下工程围岩控制方面也做了大量研究，形成了关于地下工程围岩控制的相关理论，概括起来形成了如下七个主要阶段[32-55]：轴变论、岩体动态施工过程力学理论、联合支护理论、软岩工程力学支护理论、锚喷-弧板支护理论、围岩松动圈理论、主次承载区支护理论，如表 1.2 所示。近年来，杨双锁[56]分析了围岩变形、强度特征以及支护力作用机理，提出了涵盖围岩-支护相互作用全过程的波动性平衡理论，依据破碎岩体不能承受拉应力但在支护作用下仍具有较强抗压能力的特性以及不同厚宽比条件下板的力学特征，提出了厚锚固板理论；闫鑫[57]在充分调研国内外研究现状的基础上，综合运用理论分析、数值仿真、现场试验和数理统计等手段，针对超前应力释放围岩支护理论进行了研究，指出合理的超前应力释放技术可有效减小围岩变形，保证支护体系稳定；Jiang 等[58]基于Hoek-Brown 非线性岩体强度破坏准则，考虑地层水压力与锚索支护作用，构造出拱顶围岩破裂机制，利用极限分析上限法，得到了富水硐室拱顶锚索所需长度及预紧力的设计方法。

表 1.2 国内学者对围岩控制理论的研究

时间	围岩控制理论	代表人物	主要内容
20 世纪 80 年代	轴变论	于学馥	围岩破坏是由应力超过岩体强度极限引起的，围岩坍落改变了巷道轴比，导致应力重分布，直到围岩稳定而停止
20 世纪 80 年代	岩体动态施工过程力学理论	朱维申	工程岩体的稳定与人为的工程因素密切相关。复杂岩体的施工，对围岩是一个非线性的力学加卸载过程，其稳定性是与应力路径及历史相关的
20 世纪 90 年代	联合支护理论	郑雨天等	对于隧道围岩支护，要采取"先柔后刚、先挖后让、柔让适度、稳定支护"的支护方式，不能一味采取高强度支护
20 世纪 90 年代	软岩工程力学支护理论	何满潮	巷道支护破坏大多是由支护体与围岩在强度、刚度、结构等方面存在不耦合造成的
20 世纪 90 年代	锚喷-弧板支护理论	朱效嘉、郑雨天等	对隧道围岩支护不能总是放压，当放压到一定程度时，要采取"钢筋混凝土弧板"刚性支护形式控制围岩变形
20 世纪 90 年代	围岩松动圈理论	董方庭	支护结构的主要作用就是抵抗围岩松动圈形成时的碎胀力，松动圈越大，支护就越困难
20 世纪 90 年代	主次承载区支护理论	方祖烈	承载区分为隧道周围压缩域和用支护加固的张拉域主次两部分。围岩稳定由两部分协调决定

1.3 地下工程围岩控制技术发展概况

1.3.1 常规围岩控制技术研究现状

1. 地下工程常规围岩控制技术

随着地下工程的大规模建设发展，围岩控制技术由过去的单一支护形式发展成现在的多种支护技术联合使用，目前，我国地下工程围岩控制技术主要分为以下四类[59]。

1) 锚网喷

锚网喷支护是锚杆、金属网、喷射混凝土三者结合的复合支护结构。该支护结构能发挥锚杆及喷射混凝土的优势，并且金属网的铺设使围岩表面完整化，增加其抗弯、抗剪能力。如果围岩稳定程度较好，支护施工则能够通过喷射混凝土或者锚杆进行，如果围岩稳定程度较差,则必须通过支护与锚杆互相结合来进行[59,60]。通过锚杆对围岩松动圈进行加固，形成锚杆-围岩共同承载的组合拱，并可随围岩共同移动[61]。锚杆在隧道围岩支护中并不单独使用，而是结合其他支护形式联合使用，以达到更好的围岩控制效果。但是，锚网喷支护的支护范围仍有局限，对于冲击围岩、大变形软岩，还没有特别好的办法，而且造价高，回收材料不可以再使用，造成浪费。

2) 格栅拱架

格栅拱架也称格构梁或网格栅钢拱架，是地下工程中一种常用的构件支撑。它是随着新奥法的发展而出现的[62]。格栅拱架支护具有重量轻、便于安装、刚度适中、造价低廉、使用灵活、承载力高以及便于与其他支护技术配合使用等优点，在国内外地下工程施工中被广泛使用[63]。但其抵抗围岩初始变形的能力还有待提高。

3) 型钢拱架

型钢拱架支护是采用成形后的型钢加固地下工程的支护措施，在地下工程中常用的有 U 型钢可缩性支架、H 型钢、C 型钢等拱架形式，可与锚杆、喷射混凝土、钢筋网组成复合支护。它具有即时强度和刚度，初撑力较高、支护强度大，能控制围岩过大变形。多在浅埋、偏压、自稳时间极短的围岩，以及松散、破碎、有涌水、膨胀性岩土的施工中采用此法。其缺点是重量大、不便于安装、成本较高，对开挖断面尺寸精度要求较严格。

4) 联合支护

联合支护是将多种不同性能的支护形式结合在一起，其主要有各种锚杆的结合、锚喷+型钢拱架、锚喷+锚注、型钢拱架+锚杆+锚索、锚注+型钢拱架等支护形式，通过将各单一的支护形式结合在一起，共同发挥各自的作用，控制围岩变形。

2. 复杂条件下围岩控制技术

随着我国地下工程数量的日益增多，所面临的地质条件更加复杂，软弱破碎围岩的控制问题更加突出。对于深部高应力、软弱破碎与大断面等复杂条件地下工程，锚网喷、格栅拱架等支护强度不能满足围岩的控制需求，通常采用以型钢拱架或注浆加固为主的联合支护技术。

1) 型钢拱架联合支护技术

型钢拱架与锚网喷、格栅拱架等相比，支护强度大、初撑力高、具有很好的承载能力。拱架通过对围岩提供径向约束力，平衡来自周围岩石的变形压力，能够很好地控制围岩大变形，是地下工程中常用的支护形式[64-71]。以它为主的初期联合支护方式已经在复杂条件地下工程建设中得到了广泛应用。

在型钢拱架联合支护技术的理论研究方面，Ping 等[72]提出了锚网喷主动支护与钢拱架被动支护相结合的技术。通过理论分析，解决了高应力破碎围岩的支护问题；文竞舟等[73, 74]通过对以型钢拱架为主的隧道初期支护进行理论分析，深入研究了该联合支护技术的力学承载机制，结果表明以钢架和喷层组成的内层支护拱在软弱破碎围岩中起主要承载作用；王克忠等[75]在对支护结构进行力学分析的基础上，采用数值计算方法对山西引水工程中施工支洞进行了仿真模拟，分析钢拱架在初期支护中的应力及变形特性，并结合工程实例研究了复合支护中钢拱架、钢筋网以及喷层所分担的围岩压力比例；陈丽俊等[76]通过建立软岩隧洞锁脚锚杆-钢拱架联合承载的力学计算模型，考虑钢拱架与锁脚锚杆连接处的弯矩、轴力、剪力传递及变形协调，将钢拱架处理为弹性固定无铰拱，采用结构力学法进行求解；徐帮树等[77]通过对软岩隧道初期支护安全性评价的研究，分析了型钢拱架和混凝土的受力特点，研究发现喷射混凝土达到设计强度后，混凝土起主要支撑作用，型钢间距对提高初期支护安全系数不显著。

在型钢拱架联合支护技术的现场应用研究方面，杜林林等[78]通过分析 30m 埋深条件下不同预衬砌厚度、不同钢拱架支撑间距及不同混凝土强度下预衬砌安全系数的变化情况，研究了软岩隧道中各种因素对预衬砌支护参数的影响；赵勇等[79]通过对比分析锚杆、型钢拱架在软弱破碎围岩隧道中的现场应用效果，得出了锚杆的受力特点及拱架的优选方式；杨善胜[80]通过研究软弱围岩隧道中采用"钢喷"支护形式的可行性，对隧道结构在安全性、稳定性、经济性方面作了综合评价；江玉生等[81]基于大量监测数据对监测断面型钢拱架受力分布动态变化状况展开研究，得出型钢拱架受力变化规律及支护参数优化措施；曲海锋等[82]通过分析现场监测数据，得到钢拱架支护形式下的初始释放荷载规律，结合型钢拱架和钢格栅承载力随时间的变化规律，提出该隧道合理的支护形式；沈才华和童立元[83]通过对柔性支护钢拱架作用特点的研究，在现场钢拱架应变计监控量测数据的基础上，利用力学原理，综合考虑钢拱架初支弯矩与轴力，结合隧道开挖中事故发生的特点，进行安全性分等级判别，提出钢拱架锚喷支护安全性预测判别方法；颜治国和戴俊[84]结合工程实例分析隧道支护中钢拱架失稳破坏的形式及原因，提出钢拱架因为侧向刚度低而发生弱轴平面内的扭曲失稳，采取增设钢拱架之间的连接、约束，从而提高钢拱架弱轴平面的抗弯刚度，解决了现场必须依靠增加拱架数量提高支护强度的问题。

2)注浆加固联合支护技术

注浆加固联合支护以注浆技术为主、配以其他支护形式。通过注浆改善围岩的力学性质、封堵裂隙、防止岩体泥化和风化，同时改善锚杆和型钢拱架的受力状态，充分发挥围岩的自承能力，在软弱围岩等不良地质地下工程中得到了广泛应用。

国内外学者对注浆加固技术在地下工程中应用进行了大量研究。Mortazavi 和

Tabatabaei[85]采用 FLAC3D 程序进行数值模拟研究,比较了三种全长注浆锚杆在动态荷载下的力学行为;Martin 等[86]从理论和试验两个方面对全长注浆锚杆的锚杆-浆液接触面进行研究,提出了接触面响应的半经验公式;李立新和邹金锋[87]基于渗流应力耦合本构方程和水力耦合理论,提出破碎岩体隧道涌水量预测及注浆圈厚度的计算分析方法,与现有估算结果及工程实例吻合;雷彦宏[88]对隧道软弱围岩的支护方式进行了深入研究,指出软弱围岩的支护方式主要有超前锚杆支护、超前小导管注浆支护,并对软弱围岩的加固机理和施工工艺进行了详细论述,对隧道围岩稳定研究和工程施工具有指导意义;黄林伟等[89]通过对软岩隧道各种支护方法及机理进行分析,提出锚杆注浆喷射混凝土能有效控制拱顶沉降和拱腰收敛,及时回填仰拱能有效控制底板隆起及抑制仰拱和墙脚塑性区开展;高峰等[90]对单洞隧道进行了隧道注浆加固模型试验,探讨了注浆前后隧道结构及周围围岩的力学稳定性变化。

上述地下工程围岩控制技术的研究表明,以型钢拱架和注浆加固技术为主的初期支护形式,解决了地下工程围岩变形破坏的基本问题,为地下工程安全施工奠定了基础。但在地质条件较差的地下工程中,其支护强度难以满足围岩的支护需求,凸显承载力不足的问题,因此对于复杂条件地下工程来说,迫切需要一种高强度、高刚度兼顾经济性好的支护方式来满足更为严格的控制要求。

1.3.2　约束混凝土支护技术研究现状

1. 约束混凝土结构发展概况

利用外部约束,改善自身原有受压特性,以提高抗压强度及延性的混凝土称为约束混凝土。在工程应用中的钢管混凝土属于典型的约束混凝土结构。约束混凝土充分利用了外部约束与核心混凝土间的相互作用和协同互补,大大提高了抗压强度,使其具有钢材的高强和延性,又具有混凝土耐压和造价低廉的优点[91-94]。

约束混凝土构件第一次在英国 Severn 施工铁路桥墩中使用,取得了良好的使用效果。20 世纪中后期,我国也对约束混凝土的结构设计与施工开展了大量研究,并制定了相关规程措施。基于上述设计与施工规程,约束混凝土结构已在我国桥梁、建筑、厂房等结构中得到广泛应用[95,96]。

国内外学者对约束混凝土构件的力学性能进行了深入的研究。韩林海等学者[97-100]对约束混凝土的力学性能进行了研究。国内对于约束混凝土进行深入研究开始于 20 世纪 60 年代,并取得了较大突破。蔡绍怀[101]、钟善桐[102]、韩林海[103]对约束混凝土的力学性能做了大量研究,并取得了丰硕成果;聂建国等[104]以约束混凝土核心柱中的约束混凝土及矩形箍筋约束混凝土的应力应变关系为基础,提出了约束混凝土核心柱轴压极限承载力的计算公式;傅学怡等[94]提出节点内直接设置分配梁的构造，并对荷载作用于管壁的超大截面矩形约束混凝土柱 1∶5 缩尺模型进行轴压承载力试验研究，揭示了两者之间的相互作用关系；刘国磊[105]通过建立承压环力学模型，对约束混凝土作为承压环一部分进行了研究，揭示了约束混凝土在其中的重要作用。

2. 约束混凝土支护在地下工程中的初步应用

虽然约束混凝土技术已在地上结构中得到广泛应用，但是在地下工程中的应用还很鲜见。在地铁、隧道中约束混凝土作为主要支护方式尚处于起步阶段。青函海底隧道作为连接日本本州和北海道的重要海下隧道，在修建过程中遇到断层带时，隧道围岩难以支护，最终通过约束混凝土代替原有 H 型钢支护，解决了支护强度不足的问题，防止了隧道塌方，克服了膨胀性土压，顺利通过了断层带[106]；南岭隧道在复杂地质条件下通过利用约束混凝土代替原有支护形式，较传统型钢拱架节约钢材 38%～54%，产生了良好的经济社会效益；谷拴成和刘皓东[107]在地铁隧道中采用约束混凝土拱架代替原有格栅拱架，成本仅为传统支护的 61%。

约束混凝土作为一种重要支护方式，已经在矿山中得到初步应用。王强和臧德胜[108]通过在矿山中进行现场试验，得出在相同承载力条件下，约束混凝土支护相比传统 U 型钢支护节约钢材 30%左右，大大节约了成本；臧德胜等学者[109, 110]对约束混凝土拱架的承载特性进行了室内及数值试验，结果表明约束混凝土拱架能很好地满足高围压作用下围岩需要的支护强度；刘国磊[105]、高延法等[111]、孟德军[112]对约束混凝土支护进行了理论分析及试验研究，通过在煤矿中进行现场应用，取得了较好的围岩控制效果；李学彬等学者[113-115]根据约束混凝土支架灌注孔补强措施，对弹性变形条件下的补强措施进行了分析优化。

根据前人研究成果，王琦等学者[116-126]提出了适用于隧道、煤矿、硐室等多种断面形状与不同拱架截面形式的高强约束混凝土支护体系，并在兖矿集团、山东能源集团等负责施工的深部复杂条件巷道中得到成功应用，验证了约束混凝土支护技术具有良好的围岩控制效果和经济性。

3. 约束混凝土支护在地下工程中的应用理论与试验研究

目前，针对约束混凝土在地下工程中的应用，许多学者在其试验与应用理论方面开展了大量的研究。刘国磊等学者[105, 111, 112, 127, 128]根据已有的约束混凝土拱架计算理论，对基本构件的承载力进行理论研究，通过反推得到拱架的极限承载力；臧德胜和韦潞[129]对弧形构件及约束混凝土拱架进行模型试验，结果表明约束混凝土拱架具有很高的强度承载力，能够满足地下工程的支护要求；高延法等[111]对约束混凝土拱架进行了整架试验、短柱轴压试验、单节弧形构件抗弯试验等，分析了约束混凝土拱架的基本力学性能。综上所述，目前拱架理论及试验的研究较少，理论上主要对构件承载力进行了分析，但针对拱架的极限承载力及稳定性理论分析的研究不足；试验方面多为大比例缩尺，由于试验条件所限无法实现全比尺试验。

近年来，王琦等学者[116-128]对复杂条件地下工程约束混凝土高强支护技术进行了系统的研究。首次研发了方钢约束混凝土支护体系，研制了约束混凝土拱架定量让压节点以及约束混凝土拱架全比尺试验系统，对不同隧（巷）道断面形状、不同截面形式的约束混凝土拱架进行了大量试验，对约束混凝土构件及拱架的轴压、偏压、纯弯特性进行了系统研究，建立了约束混凝土定量让压支护体系设计方法。

1.4　本书主要内容

本书围绕"复杂条件地下工程围岩高强控制理论与技术"关键问题，采用室内试验、理论推导以及数值模拟等综合研究方法开展了系统研究，主要研究内容分为以下 5 个方面。

(1)约束混凝土支护体系研究。明确复杂条件围岩变形破坏和高强控制机制，基于"高强、让压、完整"耦合支护理念，建立由内部高强承载层、中间释压调整层和外部锚固(注)自承层组成的约束混凝土支护体系。

(2)约束混凝土基本力学性能研究。系统研究约束混凝土基本构件与节点构件、型钢构件和劲性混凝土构件的轴压、纯弯和压弯力学性能，得到各类构件和节点的破坏形态、承载机制及影响规律。同时研究留设灌浆口的约束混凝土构件补强机制。

(3)约束混凝土拱架计算理论研究。建立约束混凝土拱架"非等刚度、任意节数"内力计算模型。明确围岩荷载、侧压力系数、抗弯刚度、节点等效刚度比、节点定位角、高径比等参数对拱架内力的影响规律。结合约束混凝土压弯强度承载判据，建立约束混凝土承载能力计算理论。

(4)约束混凝土拱架承载特性试验研究。研发地下工程约束混凝土拱架全比尺力学试验系统，系统开展不同断面形状、不同截面形式、不同荷载模式下约束混凝土拱架对比试验，明确约束混凝土拱架的承载机制，得到核心混凝土强度、侧压系数、钢管壁厚以及约束效应系数等因素对拱架承载能力的影响机制。

(5)约束混凝土支护体系现场应用研究。介绍约束混凝土支护体系在典型软岩煤矿巷道和大断面交通隧道工程中的应用，详细阐述支护体系的设计方法、施工工法与围岩控制效果。

第2章　地下工程约束混凝土高强控制机制

本章介绍复杂条件地下工程约束混凝土支护体系，以隧道工程为背景，开展不同开挖方法、不同支护强度、不同岩体参数和不同应力状态下的围岩控制机制数值试验研究，对比分析围岩收敛变形、塑性区发展、支护构件受力变化规律，研究软弱围岩高强控制机制和约束混凝土支护的必要性。

2.1　约束混凝土支护体系

基于"高强、让压、完整"耦合支护理念，笔者创建了复杂条件地下工程约束混凝土支护体系，如图 2.1 所示。

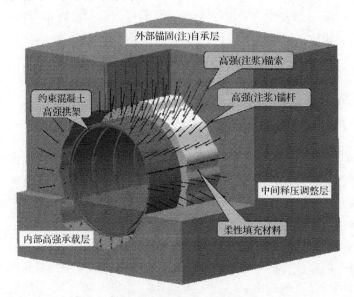

图 2.1　约束混凝土支护体系

该支护体系包括 3 个承载层：①约束混凝土高强拱架形成的内部高强承载层，为维护围岩自承结构完整性和有效性的主体；②高强(注浆)锚杆(索)加固围岩体形成的外部锚固(注)自承层，为承担围岩压力的主体；③利用柔性材料进行拱架壁后充填形成的中间释压调整层，为内外承载结构间有效传力和柔性让压的主体。

与传统支护技术相比，该体系的技术创新为内部高强承载层，即约束混凝土高强拱架。约束混凝土高强拱架是在钢管等外部约束材料中灌注混凝土形成的，核心混凝土由于外部钢管的约束作用处于三向受压状态，强度得到大幅提高，同时外部钢管得到了核心混凝土的有效支撑，防止凹陷失稳。约束混凝土结构能够实现外部钢管和核心混凝土力的共生，既具有钢材的高强和延性，又具有混凝土耐压和造价低廉的优点，其常用截面形式主要有方形、圆形和 U 形。为明确其承载机制和力学性能，下面以隧道工程为背景，开展不同开挖方法、不同支护强度、不同岩体参数和不同应力状态等多种条件下围岩控制机制数值试验对比研究。

2.2　地下工程围岩控制机制研究试验方案

2.2.1　试验目的

本节以龙鼎隧道为例，通过数值试验对比分析隧道全断面、交叉中隔墙（CRD）、双侧壁导洞三种开挖方法和无支护、锚杆支护、H 型钢拱架支护、方钢约束混凝土拱架支护、H 型钢拱架+锚杆支护及方钢约束混凝土拱架+锚杆支护六种支护方式下的围岩变形、塑性区发展、支护构件受力变化规律，得到不同支护方式下隧道围岩控制效果和支护构件受力特性。

2.2.2　数值模型

根据龙鼎隧道实际围岩条件和地应力状态进行三维建模计算，具体参数见第 6 章。计算模型尺寸（宽×高×厚）为 140m×140m×0.6m，模型顶部埋深 150m，竖向补偿地应力值为 4.02MPa，底部在 x、y、z 三个方向进行约束，两侧及前后面进行 x、y 方向约束，如图 2.2 所示。

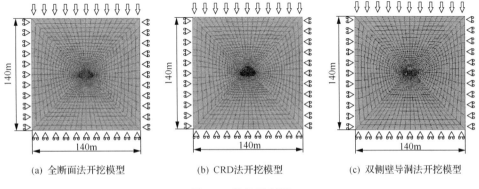

(a) 全断面法开挖模型　　　(b) CRD法开挖模型　　　(c) 双侧壁导洞法开挖模型

图 2.2　数值模型图

模型体单元采用八节点线性六面体单元，采用莫尔-库仑准则，具体物理力学参数见表2.1。

表 2.1　岩石物理力学参数

围岩类型	容重 γ/(kN/m³)	弹性模量 E/GPa	抗压强度 σ_c/MPa	泊松比 υ	黏聚力 C/MPa	内摩擦角 φ/(°)
灰岩	26.57	21.55	57	0.29	9.71	31.92

锚杆采用两节点线性三维桁架单元模拟，布置一排锚杆，每环35根锚杆，尺寸及力学参数见表2.2。

表 2.2　锚杆力学参数

支护构件	构件尺寸/mm	弹性模量 E/GPa	屈服强度 σ_s/MPa	极限强度 σ_b/MPa	泊松比 υ
锚杆	$\Phi25\times5000$	206	235	436	0.3

型钢(以 H 型钢为例)及约束混凝土拱架(以方钢管为例)采用八节点线性六面体单元模拟，其具体参数根据所对应的钢材力学性能确定(表2.3和表2.4)。其中约束混凝土中核心混凝土型号为 C40(表2.5)。

表 2.3　H 型钢拱架力学参数

截面形式	横截面积 A/cm²	弹性模量 E/GPa	惯性矩 I_x/cm⁴	惯性矩 I_y/cm⁴	泊松比 υ
H200×200	64.28	206	4770	1600	0.3

表 2.4　方钢约束混凝土拱架钢材力学参数

钢材型号	截面尺寸(宽×厚)/mm	弹性模量 E/GPa	横截面积 A/cm²	惯性矩 I/cm⁴	泊松比 υ
Q235	180×10	206	68	3287	0.3

表 2.5　方钢约束混凝土拱架核心混凝土力学参数

混凝土型号	截面尺寸/mm	弹性模量 E/GPa	泊松比 υ
C40	160×160	22.87	0.2

2.2.3　试验方案

1. 试验变量

数值试验采用全断面、CRD 及双侧壁导洞 3 种开挖方法，无支护、锚杆支护、H 型钢拱架支护、方钢约束混凝土拱架支护、H 型钢拱架+锚杆支护、方钢约束混凝土拱架+锚杆支护 6 种支护方式，考虑围岩强度等级、支护强度等级、围岩应力等级三种主要影响因素，见表2.6~表2.8。

表 2.6　不同围岩强度等级

变量编号	围岩强度等级	围岩弹性模量 E/GPa	黏聚力 C/MPa	内摩擦角 φ/(°)
A_1	1.2	25.86	11.65	36.78
A_2	1.1	23.71	10.68	34.42
A_3	1（现场实测）	21.55	9.71	31.92
A_4	0.9	19.40	8.74	29.27
A_5	0.8	17.24	7.77	26.50
A_6	0.7	15.09	6.80	23.56
A_7	0.6	12.93	5.83	20.49
A_8	0.5	10.78	4.86	17.30
A_9	0.4	8.62	3.88	13.99

注：围岩参数变量采用 A_i (i=1~9) 表示，围岩强度等级 A_3 采用现场围岩力学参数的简化结果。围岩强度等级与围岩弹性模量、黏聚力、内摩擦角呈正相关关系。

表 2.7　不同支护强度等级

变量编号	支护强度等级	H 型钢刚度 EI_y/(kN·m²)	方钢刚度 EI/(kN·m²)
B_1	0.5	4913	3386
B_2	1（现场实测）	9826	6771
B_3	1.5	14739	10157
B_4	2	19652	13542

注：支护强度参数变量采用 B_j (j=1~4) 表示，支护构件强度 B_2 采用现场实测型钢拱架强度参数。支护强度等级与材料刚度呈线性关系。

表 2.8　不同围岩应力等级

变量编号	围岩应力等级	埋深/m	围岩应力值/MPa
C_1	1（现场实测）	150	4.02
C_2	1.5	225	6.03
C_3	2	300	8.04
C_4	2.5	375	10.05
C_5	3	450	12.06

注：围岩应力参数变量采用 C_k (k=1~5) 表示，围岩应力等级 C_1 采用现场地应力实测数据。围岩应力值与围岩应力等级呈线性关系。

2. 全断面法开挖试验方案

为研究全断面法开挖隧道围岩变形控制机制，基于不同支护方式下的不同变量参数，设计了六大类 414 种方案(表 2.9)，对不同支护方式围岩收敛变形、塑性区范围、支护构件受力对比分析，得到不同因素影响下的隧道围岩变形控制机制。

表 2.9　全断面法开挖数值试验方案表

支护方式 I	方案编号	围岩强度等级 A	支护强度等级 B	围岩应力等级 C	数量
无支护 I_1	I_1-A_iC_k	A_i	—	C_k	45
锚杆 I_2	I_2-A_iC_k	A_i	—	C_k	45
H 型钢 I_3	I_3-$A_iB_jC_1$	A_i	B_j	C_1	36
	I_3-$A_iB_2C_k$	A_i	B_2	C_k	45
方钢约束混凝土 I_4	I_4-$A_iB_jC_1$	A_i	B_j	C_1	36
	I_4-$A_iB_2C_k$	A_i	B_2	C_k	45
H 型钢+锚杆 I_5	I_5-$A_iB_jC_1$	A_i	B_j	C_1	36
	I_5-$A_iB_2C_k$	A_i	B_2	C_k	45
方钢约束混凝土+锚杆 I_6	I_6-$A_iB_jC_1$	A_i	B_j	C_1	36
	I_6-$A_iB_2C_k$	A_i	B_2	C_k	45

全断面法开挖隧道数值试验计算方案编号采用 I_m-$A_iB_jC_k$(m=1～6)形式表示。其中 I 代表全断面开挖方法，m 代表 6 种不同的支护方式(1-无支护，2-锚杆支护，3-H 型钢拱架支护，4-方钢约束混凝土拱架支护，5-H 型钢拱架+锚杆支护，6-方钢约束混凝土拱架+锚杆支护)。

3. CRD 法开挖试验方案

CRD 法开挖数值试验方案编号采用 II_m-$A_iB_jC_k$(m=1～6)形式表示，见表 2.10。其中 II 代表 CRD 开挖方法，m 代表 6 种不同的支护方式(1-无支护，2-锚杆支护，3-H 型钢拱架支护，4-方钢约束混凝土拱架支护，5-H 型钢拱架＋锚杆支护，6-方钢约束混凝土拱架+锚杆支护)。

表 2.10　CRD 法开挖数值试验方案表

支护方式 II	方案编号	围岩强度等级 A	支护强度等级 B	围岩应力等级 C	数量
无支护 II_1	II_1-A_iC_k	A_i	—	C_k	45
锚杆 II_2	II_2-A_iC_k	A_i	—	C_k	45
H 型钢 II_3	II_3-$A_iB_jC_1$	A_i	B_j	C_1	36
	II_3-$A_iB_2C_k$	A_i	B_2	C_k	45
方钢约束混凝土 II_4	II_4-$A_iB_jC_1$	A_i	B_j	C_1	36
	II_4-$A_iB_2C_k$	A_i	B_2	C_k	45
H 型钢+锚杆 II_5	II_5-$A_iB_jC_1$	A_i	B_j	C_1	36
	II_5-$A_iB_2C_k$	A_i	B_2	C_k	45
方钢约束混凝土+锚杆 II_6	II_6-$A_iB_jC_1$	A_i	B_j	C_1	36
	II_6-$A_iB_2C_k$	A_i	B_2	C_k	45

4. 双侧壁导洞法开挖试验方案

双侧壁导洞法开挖数值试验方案编号采用III_m-$A_iB_jC_k$(m=1～6)形式表示，见表 2.11。其中 III 代表双侧壁导洞开挖方法，m 代表 6 种不同的支护方式(1-无支护，2-锚杆支护，3-H 型钢拱架支护，4-方钢约束混凝土拱架支护，5-H 型钢拱架+锚杆支护，6-方钢约束混凝土拱架+锚杆支护)。

表 2.11　双侧壁导洞法开挖数值试验方案表

支护方式 III	方案编号	围岩强度等级 A	支护强度等级 B	围岩应力等级 C	数量
无支护 III_1	III_1-A_iC_k	A_i	—	C_k	45
锚杆 III_2	III_2-A_iC_k	A_i	—	C_k	45
H 型钢 III_3	III_3-$A_iB_jC_1$	A_i	B_j	C_1	36
	III_3-$A_iB_2C_k$	A_i	B_2	C_k	45
方钢约束混凝土 III_4	III_4-$A_iB_jC_1$	A_i	B_j	C_1	36
	III_4-$A_iB_2C_k$	A_i	B_2	C_k	45
H 型钢+锚杆 III_5	III_5-$A_iB_jC_1$	A_i	B_j	C_1	36
	III_5-$A_iB_2C_k$	A_i	B_2	C_k	45
方钢约束混凝土+锚杆 III_6	III_6-$A_iB_jC_1$	A_i	B_j	C_1	36
	III_6-$A_iB_2C_k$	A_i	B_2	C_k	45

2.3　采用全断面开挖方法的围岩控制机制研究

2.3.1　无支护方案数值试验

1. 试验方案

1) 围岩强度等级作为变量

在相同的地质条件下，将围岩强度等级作为变量，分析讨论围岩强度等级对隧道围岩变形控制机制的影响规律。设计 45 种对比方案(A_iC_k，其中 i=1～9，k=1～5)，以围岩应力等级 C_1 固定为例，方案见表 2.12。

2) 围岩应力等级作为变量

在其他条件不变的情况下，将围岩应力等级作为变量，分析讨论围岩应力等级对隧道围岩变形控制机制的影响规律。共 45 种对比方案(A_iC_k，其中 i=1～9，k=1～5)，以围岩强度等级 A_3 固定为例，方案见表 2.13。

表 2.12 数值方案统计表(1)

方案编号	变量编号	不变量
I_1-A_1C_1	A_1	
I_1-A_2C_1	A_2	
I_1-A_3C_1	A_3	
I_1-A_4C_1	A_4	
I_1-A_5C_1	A_5	围岩应力等级采用方案 C_1
I_1-A_6C_1	A_6	
I_1-A_7C_1	A_7	
I_1-A_8C_1	A_8	
I_1-A_9C_1	A_9	

表 2.13 数值方案统计表(2)

方案编号	变量编号	不变量
I_1-A_3C_1	C_1	
I_1-A_3C_2	C_2	
I_1-A_3C_3	C_3	围岩强度等级采用方案 A_3
I_1-A_3C_4	C_4	
I_1-A_3C_5	C_5	

2. 数值试验结果

1)围岩强度等级影响

(1)拱顶位移影响规律。

I_1-A_iC_1 方案部分围岩位移云图如图 2.3 所示。

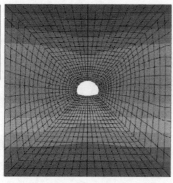

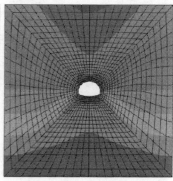

(a) A_1C_1方案　　　　　　　　　　　　(b) A_5C_1方案

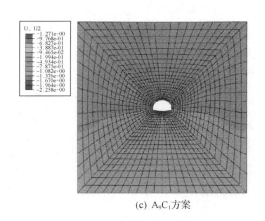

(c) A_9C_1方案

图 2.3　I_1-A_iC_1 方案部分围岩位移云图

图 2.4(b)中拱顶位移变化率δ_{P_i}见式(2.1)，其值越小，说明对拱顶变形的控制效果越好。

$$\delta_{P_i} = \frac{W_{Di}}{W_{Dmax}} \times 100\% \tag{2.1}$$

式中，δ_{P_i}为拱顶位移变化率；P_i为横轴坐标，其中i为试验方案序号；W_{Di}为各试验方案拱顶位移量，mm；W_{Dmax}为试验方案中拱顶位移量最大值，mm。

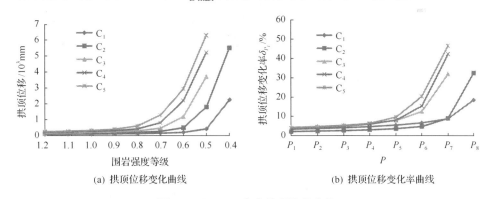

(a) 拱顶位移变化曲线

(b) 拱顶位移变化率曲线

图 2.4　I_1-A_iC_k 方案拱顶位移曲线

由图 2.3 和图 2.4 分析可知：在无支护方式下，隧道围岩变形受围岩强度等级影响显著，随着围岩强度等级由 A_1 到 A_9 降低，拱顶位移呈近似指数型增加趋势。

(2)围岩塑性区影响规律。

I_1-A_iC_1 方案部分围岩塑性区云图如图 2.5 所示。

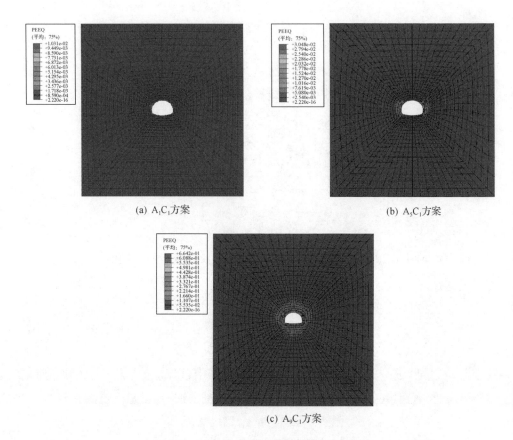

(a) A_1C_1方案　　　　　　　　　　(b) A_5C_1方案

(c) A_9C_1方案

图 2.5　I_1-A_iC_1 方案部分围岩塑性区云图

图 2.6(b) 中纵坐标塑性应变变化率 δ_{S_i} 见式 (2.2)，其值越小，说明对围岩塑性区控制效果越好。

$$\delta_{S_i} = \frac{Q_{Pi}}{Q_{Pmax}} \times 100\% \qquad (2.2)$$

式中，δ_{S_i} 为围岩塑性应变变化率；S_i 为横轴坐标，其中 i 为试验方案序号；Q_{Pi} 为各试验方案围岩最大塑性应变；Q_{Pmax} 为试验方案中围岩塑性应变最大值。

由图 2.5 和图 2.6 分析可知：在无支护方式下，围岩强度等级对围岩塑性区影响明显。随着围岩强度等级由 A_1 到 A_9 降低，塑性区范围逐渐向深部扩展，最大塑性应变值呈近似指数型增加趋势。

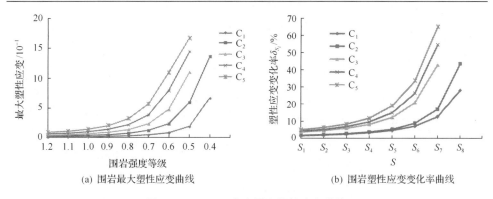

(a) 围岩最大塑性应变曲线　　　　　　　(b) 围岩塑性应变变化率曲线

图 2.6　I_1-A_iC_k 方案围岩塑性应变曲线

2) 围岩应力等级影响

(1) 拱顶位移影响规律。

由图 2.7 和图 2.8 分析可知：在无支护方式下，围岩应力等级对拱顶变形影响显著。随着围岩应力等级由 C_1 到 C_5 增加，拱顶位移呈近似直线型增加趋势。

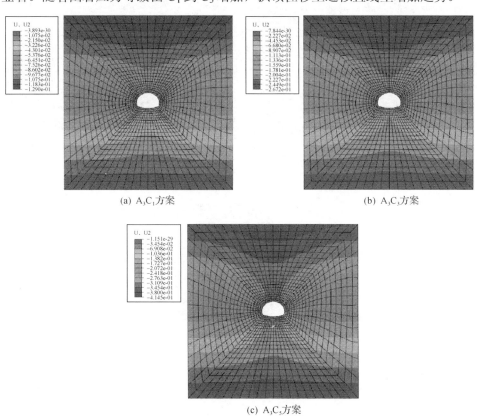

(a) A_3C_1 方案　　　　　　　　　　　(b) A_3C_3 方案

(c) A_3C_5 方案

图 2.7　I_1-A_3C_k 方案部分围岩位移云图

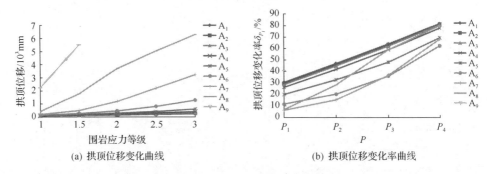

(a) 拱顶位移变化曲线　　　　　　(b) 拱顶位移变化率曲线

图 2.8　I_1-A_iC_k 方案拱顶位移曲线

(2) 围岩塑性区影响规律。

由图 2.9 和图 2.10 分析可知：在无支护方式下，围岩应力等级对围岩塑性区影响显著。随着围岩应力等级由 C_1 到 C_5 增加，塑性区范围逐渐向深部扩展，最大塑性应变值呈近似直线型增加趋势。

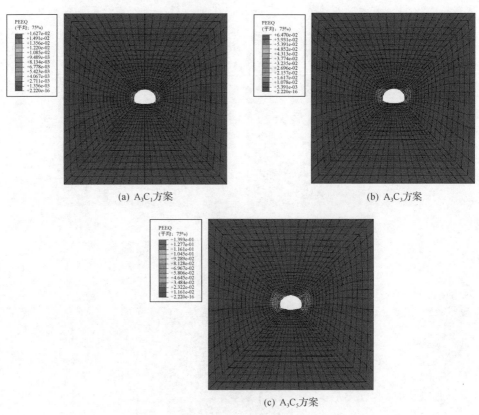

(a) A_3C_1方案　　　　　　(b) A_3C_3方案

(c) A_3C_5方案

图 2.9　I_1-A_iC_k 方案部分围岩塑性区云图

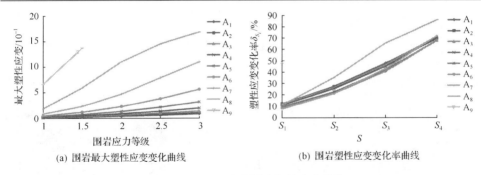

(a) 围岩最大塑性应变变化曲线　　　　　(b) 围岩塑性应变变化率曲线

图 2.10　I_1-A_iC_k 方案围岩塑性应变曲线

由无支护方式下的数值试验结果分析可知：围岩强度等级及围岩应力等级对拱顶位移、塑性区影响均较显著，围岩强度等级影响更明显。围岩强度等级越低、围岩应力等级越大，隧道变形、塑性区扩展越大，围岩稳定性越差。

2.3.2　锚杆支护方案数值试验

1. 试验方案

与无支护试验方案相同，在其他地质条件不变的情况下，分别将围岩强度等级和围岩应力等级作为变量，分析不同围岩强度等级及围岩应力等级对隧道围岩变形控制机制的影响规律。

2. 数值试验结果

1) 围岩强度等级影响

(1) 拱顶位移影响规律。

由图 2.11 分析可知：在锚杆支护方式下，隧道围岩变形受围岩强度等级影响显著，围岩劣化程度影响隧道围岩的稳定性。随着围岩强度等级降低，拱顶位移呈近似指数型增加的趋势。

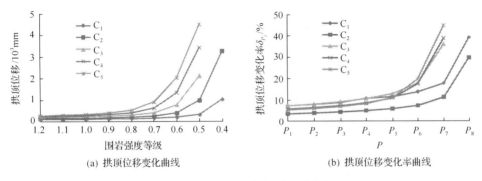

(a) 拱顶位移变化曲线　　　　　(b) 拱顶位移变化率曲线

图 2.11　I_2-A_iC_k 方案拱顶位移曲线

(2) 围岩塑性区影响规律。

由图 2.12 和图 2.13 分析可知：在锚杆支护方式下，围岩强度等级对围岩塑性区影响显著。随围岩强度等级的降低，塑性区范围逐渐向深部扩展，最大塑性应变值呈近似指数型增加趋势。

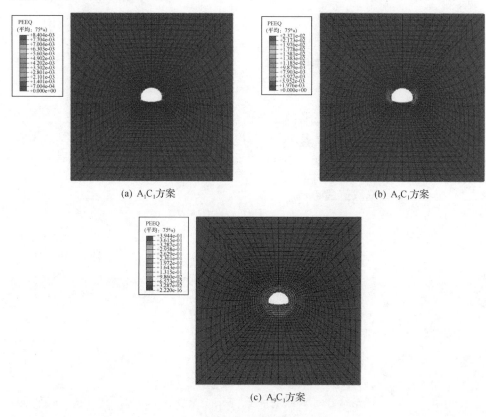

图 2.12　I_2-A_iC_k 方案部分围岩塑性区云图

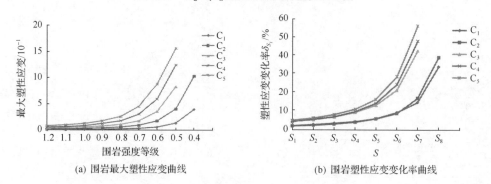

图 2.13　I_2-A_iC_k 方案围岩塑性应变曲线

(3) 支护构件受力影响规律。

图 2.14(b) 中锚杆最大应力变化率 δ_{g_i} 见式 (2.3)，其值越小，说明锚杆受力性能越差。

$$\delta_{g_i} = \frac{F_{bi}}{F_{bmax}} \times 100\% \tag{2.3}$$

式中，δ_{g_i} 为锚杆最大应力变化率；g_i 为横轴坐标，其中 i 为试验方案序号；F_{bi} 为各试验方案支护构件最大应力值；F_{bmax} 为试验方案中支护构件极限应力值。

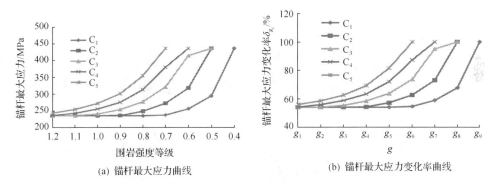

(a) 锚杆最大应力曲线　　　　　　(b) 锚杆最大应力变化率曲线

图 2.14　I_2-A_iC_k 方案锚杆应力曲线

由图 2.14 分析可知：在锚杆支护方式下，围岩强度等级对锚杆受力影响显著。随着围岩强度等级的降低，锚杆受力呈现出近似指数型增加趋势。

当围岩强度小于等于 0.8 时，锚杆受力随围岩强度等级降低而增加，变化明显。以 C_1 固定为例：当围岩强度等级为 A_9 时，锚杆所受应力达到其破断应力，当围岩强度等级为 A_8 时，锚杆最大应力变化率为 67.5%，A_5 时锚杆最大应力变化率为 53.9%，A_1 时锚杆最大应力变化率为 53.9%。

2) 围岩应力等级影响

(1) 拱顶位移影响规律。

由图 2.15 分析可知：在锚杆支护方式下，围岩应力等级对拱顶变形影响显著。随着围岩应力等级的增加，拱顶位移呈近似直线型增加的趋势。

(2) 围岩塑性区影响规律。

由图 2.16 和图 2.17 分析可知：在锚杆支护方式下，围岩强度等级对塑性区发展影响显著。随着围岩应力等级增加，最大塑性应变值呈逐渐增加趋势。

以 A_3 固定为例：当围岩应力等级为 C_5 时，其最大塑性应变值为 0.13；当围岩应力等级为 C_3 时，塑性应变变化率为 44.9%，C_1 时塑性应变变化率为 10.1%。

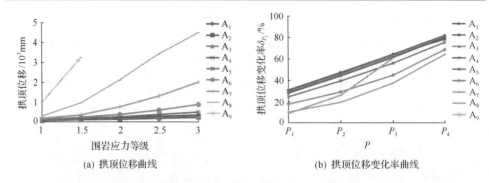

(a) 拱顶位移曲线　　　　　　　　　(b) 拱顶位移变化率曲线

图 2.15　I$_2$-A$_i$C$_k$ 方案拱顶位移曲线

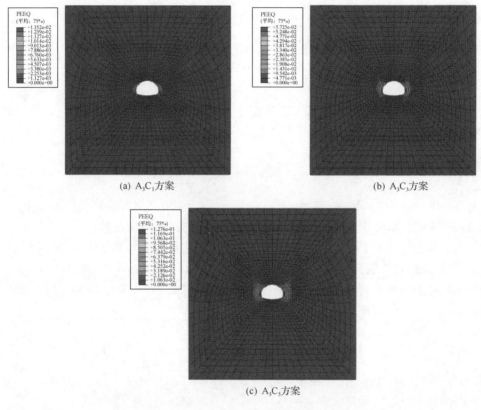

(a) A$_3$C$_1$方案　　　　　　　(b) A$_3$C$_3$方案

(c) A$_3$C$_5$方案

图 2.16　I$_2$-A$_3$C$_k$ 方案部分围岩塑性区云图

(3) 支护构件受力影响规律。

由图 2.18 分析可知：在锚杆支护方式下，随着围岩应力等级的增加，锚杆受力逐渐增大。

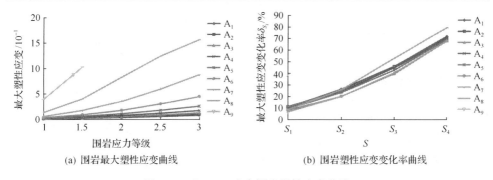

图 2.17　I_2-A_iC_k 方案围岩塑性应变曲线

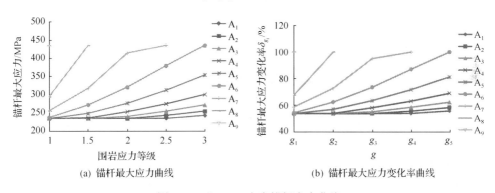

图 2.18　I_2-C_kA_i 方案锚杆应力曲线

以 A_6 固定为例：当围岩应力等级为 C_5 时，锚杆最大应力变化率为 100%（破断失效），此时锚杆失效；当围岩应力等级为 C_3 时，锚杆最大应力变化率为 77.6%；C_1 时锚杆最大应力变化率为 54.4%。围岩应力等级对锚杆受力影响显著。

由锚杆支护方式下的数值试验结果分析可知：锚杆支护方式下围岩强度等级、围岩应力等级对拱顶位移、塑性区范围影响显著，围岩强度等级越低、围岩应力等级越大，隧道变形、塑性区范围越大，围岩稳定性越差。

2.3.3　H 型钢拱架支护方案数值试验

1. 试验方案

1）围岩强度等级作为变量

在相同的地质条件下，将围岩强度等级作为变量，分析讨论围岩强度等级对隧道围岩变形控制机制的影响规律。共设计 45 种对比方案（$A_iB_2C_k$，其中 i=1～9，k=1～5），以支护强度等级 B_2、围岩应力等级 C_1 固定为例，具体方案见表 2.14。

表 2.14　数值方案统计表（I_3-$A_iB_2C_1$）

方案编号	变量编号	不变量
I_3-$A_1B_2C_1$	A_1	
I_3-$A_2B_2C_1$	A_2	
I_3-$A_3B_2C_1$	A_3	
I_3-$A_4B_2C_1$	A_4	
I_3-$A_5B_2C_1$	A_5	支护强度等级采用 B_2
I_3-$A_6B_2C_1$	A_6	围岩应力等级采用 C_1
I_3-$A_7B_2C_1$	A_7	
I_3-$A_8B_2C_1$	A_8	
I_3-$A_9B_2C_1$	A_9	

2) 支护强度等级作为变量

在其他条件不变的情况下，将支护强度等级作为变量，分析不同支护强度等级对隧道围岩变形控制机制的影响规律。共设计 36 种对比方案（$A_iB_jC_1$，其中 $i=1\sim9$，$j=1\sim4$），以围岩强度等级 A_3、围岩应力等级 C_1 固定为例，具体方案见表 2.15。

表 2.15　数值方案统计表（I_3-$A_3B_jC_1$）

方案编号	变量编号	不变量
I_3-$A_3B_1C_1$	B_1	
I_3-$A_3B_2C_1$	B_2	围岩强度等级 A_3
I_3-$A_3B_3C_1$	B_3	围岩应力等级 C_1
I_3-$A_3B_4C_1$	B_4	

3) 围岩应力等级作为变量

在其他条件不变的情况下，将围岩应力等级作为变量，分析不同围岩应力值对隧道围岩变形控制机制的影响规律。共设计 45 种对比方案（$A_iB_2C_k$，其中 $i=1\sim9$，$k=1\sim5$），以围岩强度等级 A_3、支护强度等级 B_2 固定为例，具体方案见表 2.16。

表 2.16　数值方案统计表（I_3-$A_3B_2C_k$）

方案编号	变量编号	不变量
I_3-$A_3B_2C_1$	C_1	
I_3-$A_3B_2C_2$	C_2	
I_3-$A_3B_2C_3$	C_3	围岩强度等级 A_3
I_3-$A_3B_2C_4$	C_4	支护强度等级 B_2
I_3-$A_3B_2C_5$	C_5	

2. 数值试验结果

1）围岩强度等级影响

（1）拱顶位移影响规律。

由图 2.19 分析可知：H 型钢拱架支护方式下，隧道围岩变形受围岩强度等级影响显著，围岩强度等级对拱顶位移影响显著。随着围岩强度等级的降低，拱顶位移呈近似指数增加趋势。

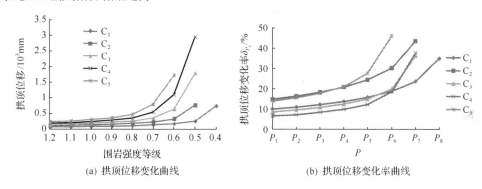

(a) 拱顶位移变化曲线　　　　　(b) 拱顶位移变化率曲线

图 2.19　I_3-$A_iB_2C_k$ 方案拱顶位移曲线

（2）围岩塑性区影响规律。

由图 2.20 分析可知：H 型钢拱架支护方式下，围岩强度等级对围岩塑性区影响显著。随着围岩强度等级降低，塑性区范围逐渐向深部扩展，最大塑性应变值呈逐渐增加趋势。

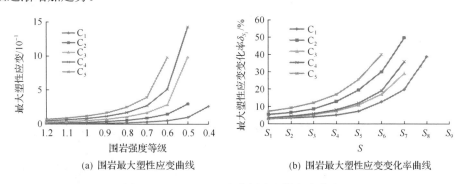

(a) 围岩最大塑性应变曲线　　　　(b) 围岩最大塑性应变变化率曲线

图 2.20　I_3-$A_iB_2C_k$ 方案围岩塑性应变曲线

（3）支护构件受力影响规律。

由图 2.21 分析可知：在 H 型钢拱架支护方式下，围岩强度等级对拱架最大应力影响显著。随着围岩强度等级的降低，拱架受力呈逐渐增加趋势。

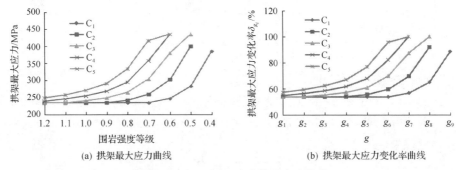

(a) 拱架最大应力曲线　　　　　　(b) 拱架最大应力变化率曲线

图 2.21　Ⅰ₃-AᵢB₂Cₖ 方案拱架应力曲线

2) 支护强度等级影响

(1) 拱顶位移影响规律。

由图 2.22 分析可知：在 H 型钢拱架支护方式下，随着支护强度等级的增加，拱顶位移呈现缓慢减小的趋势。

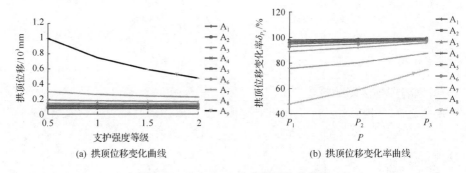

(a) 拱顶位移变化曲线　　　　　　(b) 拱顶位移变化率曲线

图 2.22　Ⅰ₃-AᵢBⱼC₁ 方案拱顶位移曲线

(2) 围岩塑性区影响规律。

由图 2.23 和图 2.24 分析可知：随着支护强度等级的提高，围岩塑性区范围、最大塑性应变值呈缓慢减小趋势。

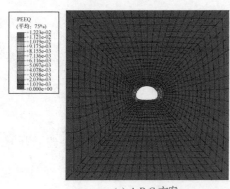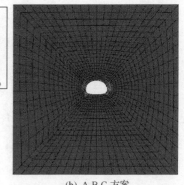

(a) A₃B₁C₁方案　　　　　　　　　　　(b) A₃B₂C₁方案

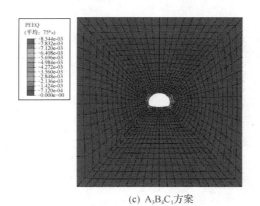

(c) $A_3B_4C_1$ 方案

图 2.23　Ⅰ₃-$A_3B_jC_1$ 方案部分围岩塑性区云图

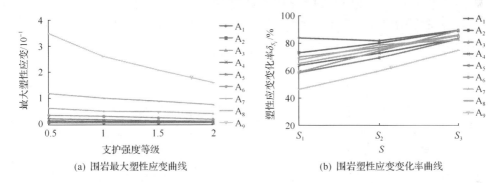

(a) 围岩最大塑性应变曲线　　　　　　(b) 围岩塑性应变变化率曲线

图 2.24　Ⅰ₃-$A_iB_jC_1$ 方案围岩塑性应变曲线

（3）支护构件受力影响规律。

图 2.25(b) 中纵坐标拱架最大应力变化率 δ_{J_i} 见式 (2.4)，其值越小，说明拱架力学性能越差。

$$\delta_{J_i} = \frac{N_{Ai}}{N_{A\max}} \times 100\% \tag{2.4}$$

式中，δ_{J_i} 为拱架最大应力变化率；J_i 为横轴坐标，其中 i 为试验方案序号；N_{Ai} 为各试验方案支护构件最大应力；$N_{A\max}$ 为所有试验方案中支护构件应力最大值。

由图 2.25 分析可知：支护强度等级对拱架受力影响明显。随着支护强度等级的提高，拱架受力呈近似线性增大趋势。

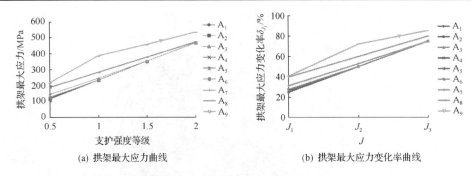

(a) 拱架最大应力曲线　　　　　　(b) 拱架最大应力变化率曲线

图 2.25　I_3-$A_iB_jC_1$ 方案拱架应力曲线

3) 围岩应力等级影响

(1) 拱顶位移影响规律。

由图 2.26 分析可知：在 H 型钢拱架支护方式下，围岩应力等级对拱顶变形影响显著。随着围岩应力等级的增加，拱顶位移呈近似线性增加的趋势。

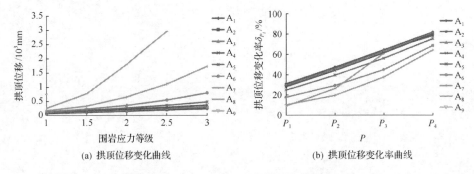

(a) 拱顶位移变化曲线　　　　　　(b) 拱顶位移变化率曲线

图 2.26　I_3-$A_iB_2C_k$ 方案拱顶位移曲线

(2) 围岩塑性区影响规律。

由图 2.27 和图 2.28 分析可知：围岩应力等级对围岩塑性区影响显著。随着围岩应力等级增加，塑性区范围逐渐向深部扩展，塑性应变值呈近似线性缓慢增加趋势。

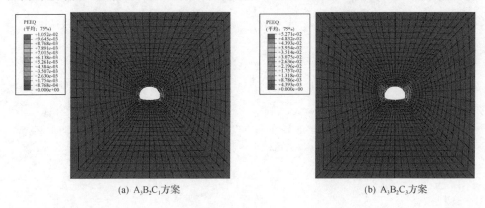

(a) $A_3B_2C_1$ 方案　　　　　　(b) $A_3B_2C_3$ 方案

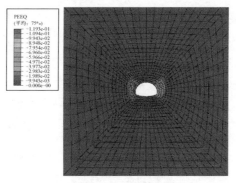

(c) $A_3B_2C_5$方案

图 2.27　I_3-$A_3B_2C_k$ 方案部分围岩塑性区云图

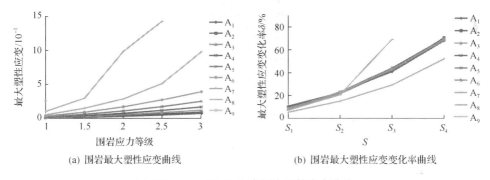

(a) 围岩最大塑性应变曲线　　　　　　(b) 围岩最大塑性应变变化率曲线

图 2.28　I_3-$A_iB_2C_k$ 方案围岩塑性应变曲线

以 A_3 固定为例：当围岩应力等级为 C_5 时，其塑性应变值为 0.12，是试验方案中最大值，当围岩应力等级为 C_3 时，塑性应变变化率为 44.2%，C_1 时塑性应变变化率为 8.8%，且最大塑性应变值均发生在隧道拱腰处。

(3) 支护构件受力影响规律。

由图 2.29 分析可知：随着围岩应力等级的提高，拱架受力呈近似线性增加趋势。

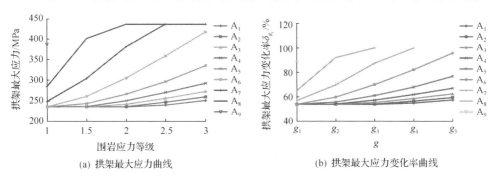

(a) 拱架最大应力曲线　　　　　　(b) 拱架最大应力变化率曲线

图 2.29　I_3-$A_iB_2C_k$ 方案拱架应力曲线

以 A_3 固定为例：当围岩应力等级为 C_5 时，拱架最大应力为 272.3MPa，拱架最大应力变化率为 62.5%；当围岩应力等级为 C_3 时，拱架最大应力变化率为 55.3%，C_1 时拱架最大应力变化率为 53.9%。

由 H 型钢拱架支护方式下的数值试验结果分析可知：H 型钢拱架支护方式下，拱顶位移、塑性区范围随着围岩强度等级降低、围岩应力等级提高、支护强度等级减小呈逐渐增加趋势；围岩强度等级越低、围岩应力等级越大，隧道变形、塑性区发展、拱架受力越大，围岩稳定性越差。

2.3.4　方钢约束混凝土拱架支护方案数值试验

1. 试验方案

与 H 型钢拱架支护试验方案相同，在其他地质条件不变的情况下，分别将围岩强度等级、支护强度等级和围岩应力等级作为变量，分析不同围岩强度等级、支护强度等级及围岩应力等级对隧道围岩变形控制机制的影响规律。

2. 数值试验结果

1）围岩强度等级影响

（1）拱顶位移影响规律。

由图 2.30 分析可知：在方钢约束混凝土拱架支护方式下，随着围岩强度等级的降低，拱顶位移呈现逐渐增加的趋势。

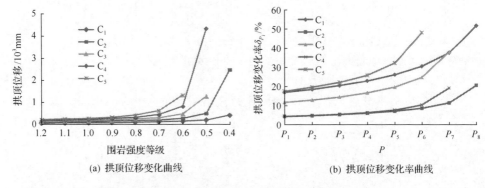

(a) 拱顶位移变化曲线　　　　　　　(b) 拱顶位移变化率曲线

图 2.30　I_4-$A_iB_2C_k$ 方案拱顶位移曲线

以 C_1 固定为例：当围岩强度等级为 A_9 时，拱顶位移量为 427mm，是试验方案中的最大值；当围岩强度等级为 A_8 时，拱顶位移变化率为 51.8%；A_5 时拱顶位移变化率为 26.2%；A_1 时拱顶位移变化率为 17%。

（2）围岩塑性区影响规律。

由图 2.31 和图 2.32 分析可知：在方钢约束混凝土拱架支护方式下，围岩强度等级对围岩塑性区范围影响显著。随着围岩强度等级降低，围岩塑性区范围、最大塑性应变值逐渐增大。

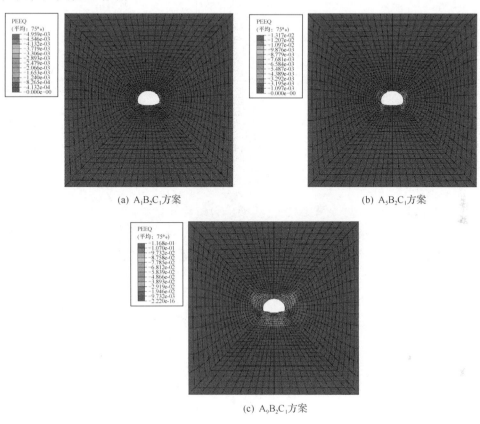

(a) $A_1B_2C_1$ 方案

(b) $A_5B_2C_1$ 方案

(c) $A_9B_2C_1$ 方案

图 2.31　$I_4\text{-}A_iB_2C_1$ 方案部分围岩塑性区云图

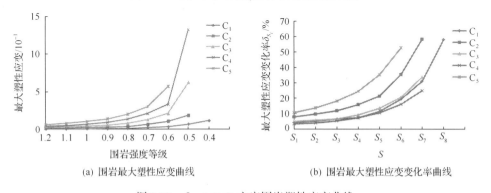

(a) 围岩最大塑性应变曲线

(b) 围岩最大塑性应变变化率曲线

图 2.32　$I_4\text{-}A_iB_2C_k$ 方案围岩塑性应变曲线

(3) 支护构件受力影响规律。

由图 2.33 分析可知：在方钢约束混凝土拱架支护下，随着围岩强度等级的降低，拱架受力逐渐增大。

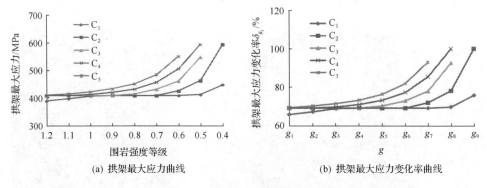

(a) 拱架最大应力曲线　　　　　　　(b) 拱架最大应力变化率曲线

图 2.33　I_4-$A_iB_2C_k$ 方案拱架应力曲线

以 C_1 固定为例：当 A<0.7 时，拱架应力随着 A 的降低呈现近似线性增加的规律；当围岩强度等级为 A_9 时，拱架最大应力变化率为 75.7%；当围岩强度等级为 A_5 时，拱架最大应力变化率为 69%，A_1 时拱架最大应力变化率为 65.6%。拱架受力整体较均匀。

2) 支护强度等级影响

(1) 拱顶位移影响规律。

由图 2.34 分析可知：在方钢约束混凝土拱架的支护方式下，随着支护强度等级的增加，拱顶位移逐渐减小，在围岩强度等级较大时，位移减小幅度很小，基本没发生变化。

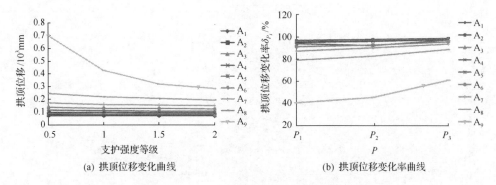

(a) 拱顶位移变化曲线　　　　　　　(b) 拱顶位移变化率曲线

图 2.34　I_4-$A_iB_jC_1$ 方案拱顶位移曲线

(2) 围岩塑性区影响规律。

由图 2.35 和图 2.36 分析可知：随着支护强度等级的增加，围岩塑性区范围、最大塑性应变值呈逐渐减小的趋势。

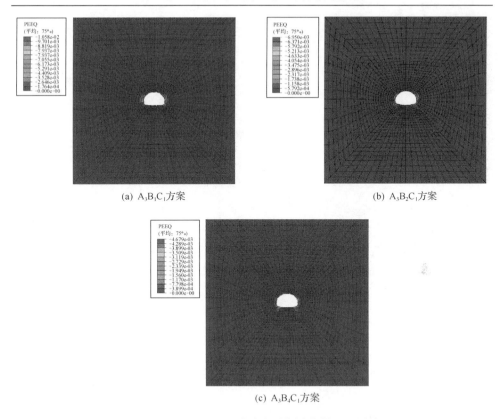

(a) $A_3B_1C_1$ 方案

(b) $A_3B_2C_1$ 方案

(c) $A_3B_4C_1$ 方案

图 2.35　I_4-$A_3B_jC_1$ 方案部分围岩塑性区云图

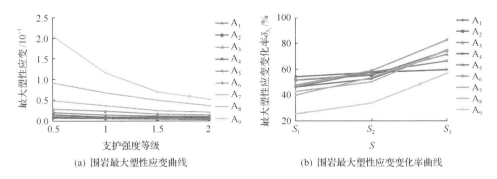

(a) 围岩最大塑性应变曲线

(b) 围岩最大塑性应变变化率曲线

图 2.36　I_4-$A_iB_jC_1$ 方案围岩塑性应变曲线

(3) 支护构件受力影响规律。

由图 2.37 分析可知：支护强度等级对拱架受力影响明显。随着支护强度等级的提高，拱架受力呈近似线性逐渐增大趋势。

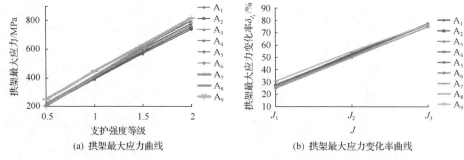

(a) 拱架最大应力曲线　　　　　　　　(b) 拱架最大应力变化率曲线

图 2.37　I_4-$A_iB_jC_1$ 方案拱架应力曲线

3）围岩应力等级影响

（1）拱顶位移影响规律。

由图 2.38 分析可知：在方钢约束混凝土拱架支护方式下，随着围岩应力等级的增加，拱顶位移呈逐渐增加的趋势，围岩应力等级对拱顶位移影响明显。

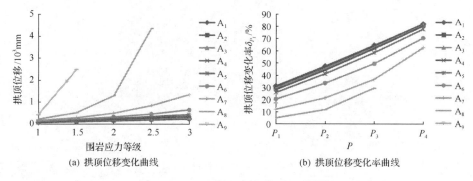

(a) 拱顶位移变化曲线　　　　　　　　(b) 拱顶位移变化率曲线

图 2.38　I_4-$A_iB_2C_k$ 方案拱顶位移曲线

（2）围岩塑性区影响规律。

由图 2.39 和图 2.40 分析可知：围岩应力等级对围岩塑性区发展影响明显。随着围岩应力等级的增加，围岩塑性区范围、最大塑性应变值呈逐渐增加的趋势。

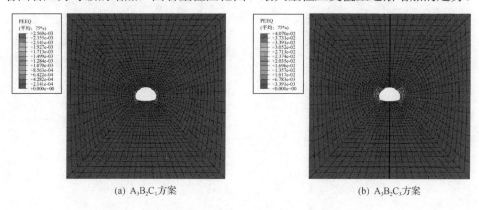

(a) $A_3B_2C_1$ 方案　　　　　　　　(b) $A_3B_2C_3$ 方案

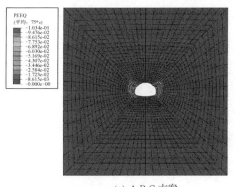

(c) A₃B₂C₅方案

图 2.39 I₄-A₃B₂C$_k$方案部分围岩塑性区云图

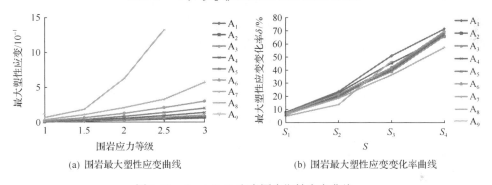

(a) 围岩最大塑性应变曲线 (b) 围岩最大塑性应变变化率曲线

图 2.40 I₄-A$_i$B₂C$_k$方案围岩塑性应变曲线

(3)支护构件受力影响规律。

由图 2.41 分析可知：随着围岩应力等级的增加，拱架受力逐渐增大，但在围岩强度等级较大时增加幅度很小，基本没发生变化。

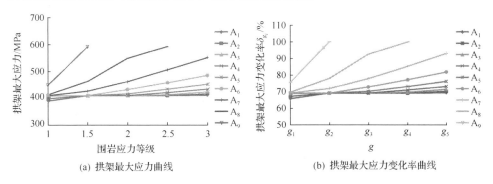

(a) 拱架最大应力曲线 (b) 拱架最大应力变化率曲线

图 2.41 I₄-A$_i$B₂C$_k$方案拱架应力曲线

由方钢约束混凝土拱架支护方式下的数值试验结果分析可知：随着围岩强度

等级降低、围岩应力等级增加、支护强度等级的降低，拱顶位移、塑性区范围呈现逐渐增大的趋势，拱架受力比较均匀；围岩强度等级越低、围岩应力等级越大，隧道变形、塑性区发展、拱架受力越大，围岩稳定性越差。

2.3.5　H 型钢拱架+锚杆支护方案数值试验

1. 试验方案

1) 围岩强度等级作为变量

在相同的地质条件下，将围岩强度等级作为变量，分析不同围岩强度等级对隧道围岩变形控制机制的影响规律。共设计 45 种对比方案($A_iB_2C_k$，其中 $i=1\sim9$，$k=1\sim5$)，以支护强度等级 B_2、围岩应力等级 C_1 固定为例，方案见表 2.17。

表 2.17　数值方案统计表(I_5-$A_iB_2C_1$)

方案编号	变量编号	不变量
I_5-$A_1B_2C_1$	A_1	
I_5-$A_2B_2C_1$	A_2	
I_5-$A_3B_2C_1$	A_3	
I_5-$A_4B_2C_1$	A_4	
I_5-$A_5B_2C_1$	A_5	支护强度等级 B_2
I_5-$A_6B_2C_1$	A_6	围岩应力等级 C_1
I_5-$A_7B_2C_1$	A_7	
I_5-$A_8B_2C_1$	A_8	
I_5-$A_9B_2C_1$	A_9	

2) 支护强度等级作为变量

在其他条件不变的情况下，将支护强度等级作为变量，分析不同支护强度等级对隧道围岩变形控制机制的影响规律。共设计 36 种对比方案($A_iB_jC_1$，其中 $i=1\sim$ 9，$j=1\sim4$)，以围岩强度等级 A_1、围岩应力等级 C_1 固定为例，方案见表 2.18。

表 2.18　数值方案统计表(I_5-$A_1B_jC_1$)

方案编号	变量编号	不变量
I_5-$A_1B_1C_1$	B_1	
I_5-$A_1B_2C_1$	B_2	围岩强度等级 A_1
I_5-$A_1B_3C_1$	B_3	围岩应力等级 C_1
I_5-$A_1B_4C_1$	B_4	

3）围岩应力等级作为变量

在其他条件不变的情况下，将围岩应力等级作为变量，分析不同围岩应力等级对隧道围岩变形控制机制的影响规律。共 45 种对比方案（$A_iB_2C_k$，其中 $i=1\sim9$，$k=1\sim5$），以围岩强度等级 A_1、支护强度等级 B_2 固定为例，方案见表 2.19。

表 2.19　数值方案统计表（$I_5\text{-}A_1B_2C_k$）

方案编号	变量编号	不变量
$I_5\text{-}A_1B_2C_1$	C_1	
$I_5\text{-}A_1B_2C_2$	C_2	
$I_5\text{-}A_1B_2C_3$	C_3	围岩强度等级 A_1
$I_5\text{-}A_1B_2C_4$	C_4	支护强度等级 B_2
$I_5\text{-}A_1B_2C_5$	C_5	

2. 数值试验结果

1）围岩强度等级影响

（1）拱顶位移影响规律。

由图 2.42 分析可知：在 H 型钢拱架+锚杆支护方式下，围岩强度等级对拱顶变形影响明显。随着围岩强度等级的降低，拱顶位移呈逐渐增加趋势。

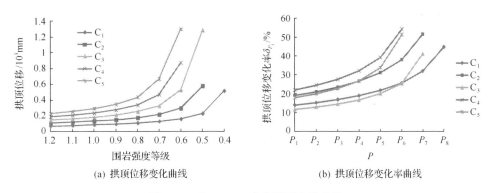

(a) 拱顶位移变化曲线　　　　　　　　(b) 拱顶位移变化率曲线

图 2.42　$I_5\text{-}A_iB_2C_k$ 方案拱顶位移曲线

（2）围岩塑性区影响规律。

由图 2.43 和图 2.44 分析可知：围岩强度等级对围岩塑性区影响显著。随着围岩强度等级降低，塑性区范围逐渐向深部扩展，塑性应变值呈近似指数型增加趋势。

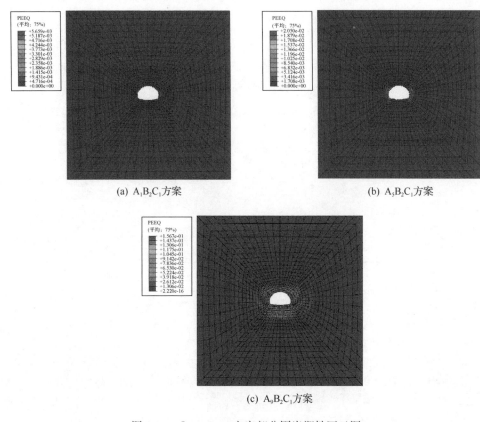

(a) $A_1B_2C_1$方案　　　　　　　　　　(b) $A_5B_2C_1$方案

(c) $A_9B_2C_1$方案

图 2.43　I$_5$-A$_i$B$_2$C$_1$方案部分围岩塑性区云图

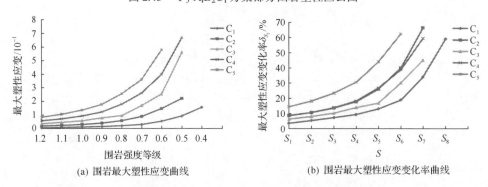

(a) 围岩最大塑性应变曲线　　　　　　(b) 围岩最大塑性应变变化率曲线

图 2.44　I$_5$-A$_i$B$_2$C$_k$方案围岩塑性应变曲线

(3)支护构件受力影响规律。

由图 2.45 和图 2.46 分析可知：在 H 型钢拱架+锚杆支护方式下，随着围岩强度等级降低，拱架和锚杆受力均逐渐增大。

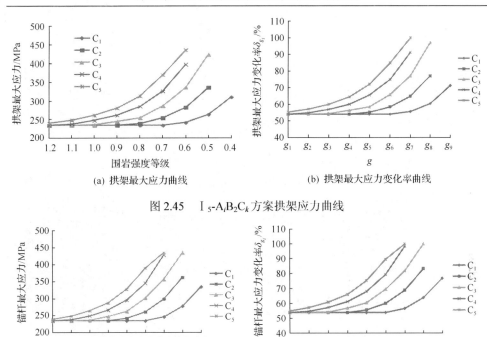

(a) 拱架最大应力曲线　　　　　　　　　(b) 拱架最大应力变化率曲线

图 2.45　I_5-$A_iB_2C_k$ 方案拱架应力曲线

(a) 锚杆最大应力曲线　　　　　　　　　(b) 锚杆最大应力变化率曲线

图 2.46　I_5-$A_iB_2C_k$ 方案锚杆应力曲线

以 C_1 固定为例：当围岩强度等级为 A_1～A_6 时，拱架受力相同，最大应力变化率为 53.9%；当围岩强度等级为 A_7～A_9 时，拱架受力从 242.1MPa 增加到 310.6MPa，最大应力变化率为 71.2%。锚杆受力整体上比较均匀；当围岩强度等级为 A_1～A_6 时，锚杆受力相同，最大应力变化率为 53.9%；当围岩强度等级为 A_7～A_9 时，锚杆受力从 247.1MPa 增加到 335MPa，最大应力变化率为 76.8%。

2) 支护强度等级影响

(1) 拱顶位移影响规律。

由图 2.47 分析可知：支护强度等级对拱顶位移变化影响不明显。H 型钢拱架+锚杆支护方式下，随着支护强度等级的增加，拱顶位移呈现缓慢减小的趋势。

(2) 围岩塑性区影响规律。

由图 2.48 和图 2.49 分析可知：随着支护强度等级的提高，围岩塑性区范围、最大塑性应变值呈缓慢减小趋势。

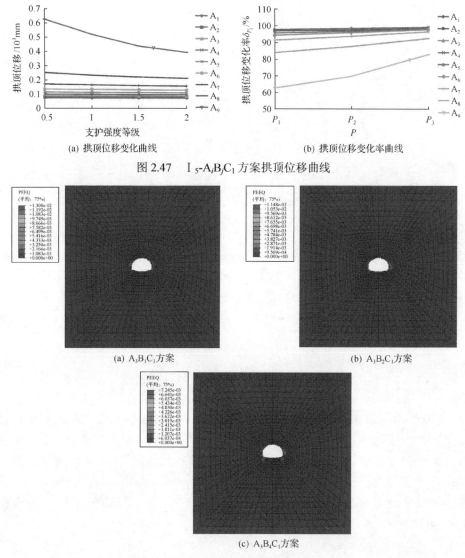

(a) 拱顶位移变化曲线

(b) 拱顶位移变化率曲线

图 2.47　I_5-$A_iB_jC_1$ 方案拱顶位移曲线

(a) $A_3B_1C_1$ 方案

(b) $A_3B_2C_1$ 方案

(c) $A_3B_4C_1$ 方案

图 2.48　I_5-$A_3B_jC_1$ 方案部分围岩塑性区云图

(3) 支护构件受力影响规律。

由图 2.50 和图 2.51 分析可知：随着支护强度等级的增大，拱架受力呈线性逐渐增大，而锚杆受力呈现逐渐减小的趋势。

以 A_3 固定为例，由图 2.50 分析可知：当支护强度等级为 B_4 时，拱架最大应力为 470MPa，当支护强度等级为 B_3 时，拱架最大应力为 352.5MPa，拱架最大应力变化率为 69.3%；当支护强度等级为 B_2 时，拱架最大应力为 235MPa，拱架最大应力变化率为 50%；当支护强度等级为 B_1 时，拱架最大应力为 117.5MPa，拱架最大应力变化率为 25%。

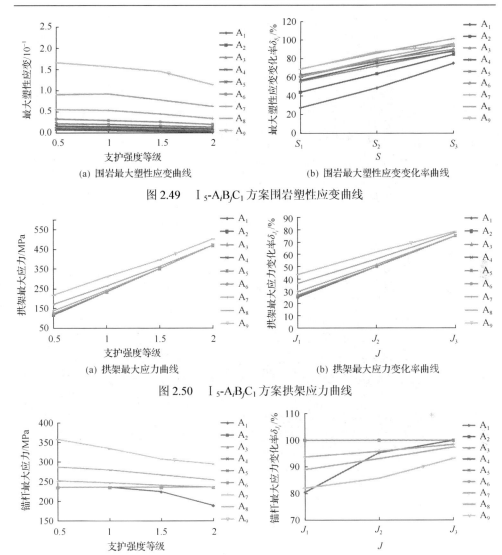

(a) 围岩最大塑性应变曲线　　　　　　　　(b) 围岩最大塑性应变变化率曲线

图 2.49　I_5-$A_iB_jC_1$ 方案围岩塑性应变曲线

(a) 拱架最大应力曲线　　　　　　　　(b) 拱架最大应力变化率曲线

图 2.50　I_5-$A_iB_jC_1$ 方案拱架应力曲线

(a) 锚杆最大应力曲线　　　　　　　　(b) 锚杆最大应力变化率曲线

图 2.51　I_5-$A_iB_jC_1$ 方案锚杆应力曲线

以 A_8 固定为例，由图 2.50(b) 和图 2.51(b) 分析可知：当支护强度等级为 B_1 时，锚杆受力为 286.1MPa；当支护强度等级为 B_3 时，锚杆受力为 266.1MPa，锚杆最大应力变化率为 93%；当支护强度等级为 B_4 时，锚杆受力为 254.4MPa，锚杆最大应力变化率为 88.9%。H 型钢在支护中分担了围岩压力，导致锚杆受力减小。

3) 围岩应力等级影响

(1) 拱顶位移影响规律。

由图 2.52 分析可知：随着围岩应力等级的增加，拱顶位移近似呈直线型增加趋势。

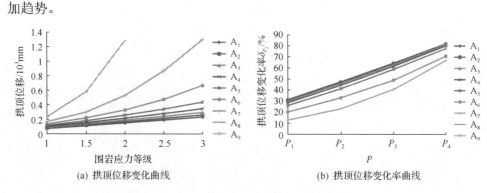

(a) 拱顶位移变化曲线 (b) 拱顶位移变化率曲线

图 2.52　I_5-$A_iB_2C_k$ 方案拱顶位移曲线

(2) 围岩塑性区影响规律。

由图 2.53 和图 2.54 分析可知：随着围岩应力等级的增加，塑性区范围逐渐向深部扩展，塑性应变值呈近似直线形增加趋势。

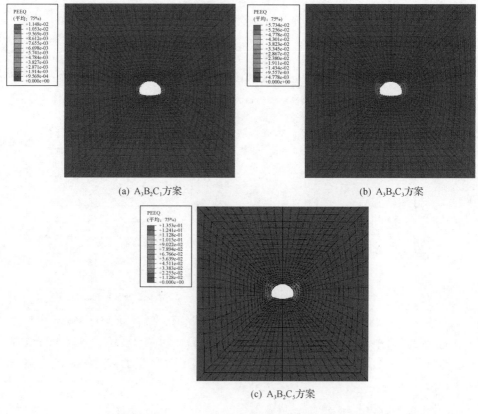

(a) $A_3B_2C_1$方案　(b) $A_3B_2C_3$方案

(c) $A_3B_2C_5$方案

图 2.53　I_5-$A_3B_2C_k$ 方案部分围岩塑性区云图

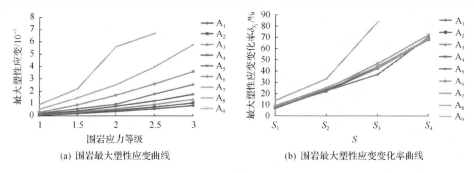

(a) 围岩最大塑性应变曲线　　　　　　(b) 围岩最大塑性应变变化率曲线

图 2.54　Ⅰ₅-AᵢB₂Cₖ 方案围岩塑性应变曲线

(3) 支护构件受力影响规律。

由图 2.55 分析可知：在 H 型钢拱架+锚杆支护情况下，随着围岩应力等级的增大，拱架受力呈逐渐增大的趋势。

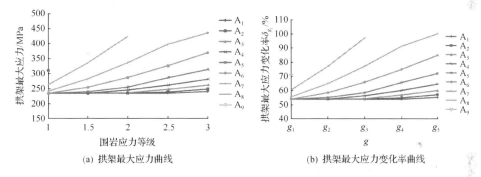

(a) 拱架最大应力曲线　　　　　　(b) 拱架最大应力变化率曲线

图 2.55　Ⅰ₅-AᵢB₂Cₖ 方案拱架应力曲线

以 A_3 固定为例：当围岩应力等级为 C_5 时，拱架最大应力为 261.6MPa，拱架最大应力变化率为 60%；当围岩应力等级为 C_3 时，拱架最大应力变化率为 54.2%，C_1 时拱架最大应力变化率为 53.9%。

由图 2.56 分析可知：随着围岩应力等级的增加，锚杆受力呈现缓慢增大的趋势。

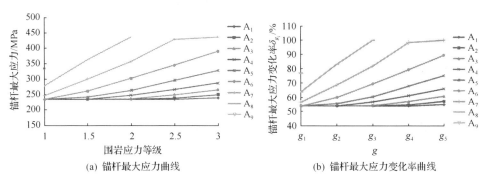

(a) 锚杆最大应力曲线　　　　　　(b) 锚杆最大应力变化率曲线

图 2.56　Ⅰ₅-AᵢB₂Cₖ 方案锚杆应力曲线

以 A_3 固定为例：当围岩应力等级为 C_5 时，锚杆最大应力为 265.4MPa，锚杆最大应力变化率为 60.9%；当围岩应力等级为 C_3 时，锚杆最大应力为 236.4MPa，锚杆最大应力变化率为 54.2%；C_1 时锚杆最大应力变化率为 53.9%。

2.3.6　方钢约束混凝土拱架+锚杆支护方案数值试验

1. 试验方案

与 H 型钢拱架+锚杆支护试验方案相同，在其他地质条件不变的情况下，分别将围岩强度等级、支护强度等级和围岩应力等级作为变量，分析不同围岩强度等级、支护强度等级及围岩应力等级对隧道围岩变形控制机制的影响规律。

2. 数值试验结果

1) 围岩强度等级影响

(1) 拱顶位移影响规律。

由图 2.57 分析可知：在方钢约束混凝土拱架+锚杆支护方式下，围岩强度等级对隧道变形影响明显。随着围岩强度等级的降低，拱顶位移呈逐渐增大的趋势。

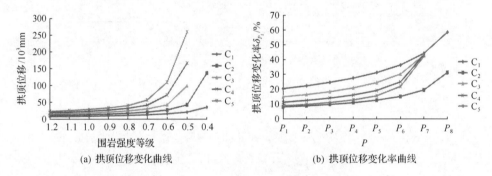

(a) 拱顶位移变化曲线　　　　　　(b) 拱顶位移变化率曲线

图 2.57　I_6-$A_iB_2C_k$ 方案拱顶位移曲线

(2) 围岩塑性区影响规律。

由图 2.58 和图 2.59 分析可知：在方钢约束混凝土拱架+锚杆支护方式下，围岩强度等级对围岩塑性区影响显著。随着围岩强度等级的降低，塑性区范围、最大塑性应变值呈逐渐增加的趋势。

以 C_1 固定为例：当围岩强度等级小于 0.7 时，塑性应变值随着 A 的降低呈线性增加趋势，当围岩强度等级为 A_9 时，塑性应变值为 0.218，是试验方案中的最大值，当围岩强度等级为 A_5 时，最大塑性应变变化率为 5.6%，A_1 时最大塑性应变变化率为 0.88%，且最大塑性应变值发生在隧道拱腰、拱脚处。

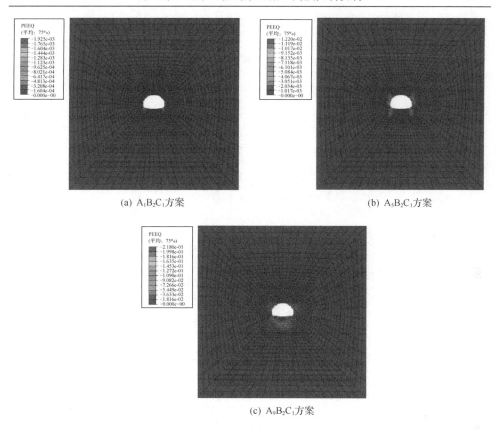

(a) $A_1B_2C_1$方案　　　　　　(b) $A_5B_2C_1$方案

(c) $A_9B_2C_1$方案

图 2.58　I_6-$A_iB_2C_1$方案部分围岩塑性区云图

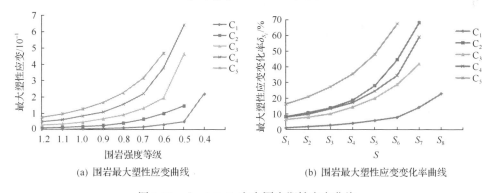

(a) 围岩最大塑性应变曲线　　　　　(b) 围岩最大塑性应变变化率曲线

图 2.59　I_6-$A_iB_2C_k$方案围岩塑性应变曲线

(3) 支护构件受力影响规律。

由图 2.60 和图 2.61 分析可知：在方钢约束混凝土拱架+锚杆支护方式下，随着围岩强度等级降低，拱架和锚杆受力均逐渐增大。

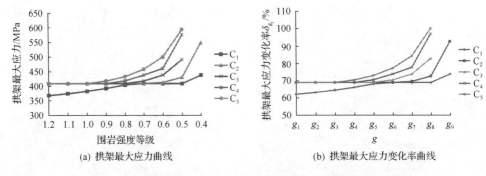

(a) 拱架最大应力曲线　　　　　　　(b) 拱架最大应力变化率曲线

图 2.60　I_6-$A_iB_2C_k$ 方案拱架应力曲线

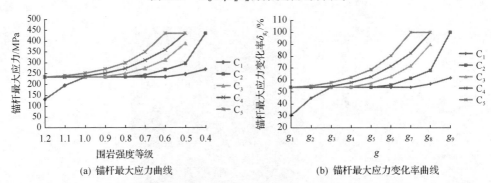

(a) 锚杆最大应力曲线　　　　　　　(b) 锚杆最大应力变化率曲线

图 2.61　I_6-$A_iB_2C_k$ 方案锚杆应力曲线

以 C_1 固定为例：当围岩强度等级为 A_1 时，拱架最大应力变化率为 62.1%；当围岩强度等级为 A_5 时，拱架最大应力变化率为 68.2%；当围岩强度等级为 A_8 时，拱架最大应力变化率为 69%；当围岩强度等级为 A_9 时，拱架最大应力变化率为 73.9%。

同样以 C_1 固定为例：当围岩强度等级为 A_1 时，锚杆最大应力为 132.1MPa；当围岩强度等级为 $A_3 \sim A_6$ 时，锚杆受力相同，锚杆最大应力变化率为 53.9%；当围岩强度等级为 $A_7 \sim A_9$ 时，锚杆最大应力从 247.1MPa 增加到 269.4MPa，锚杆最大应力变化率为 61.8%；整体上锚杆受力均匀。

2) 支护强度等级影响

(1) 拱顶位移影响规律。

由图 2.62 分析可知：随着支护强度的增加，拱顶位移呈逐渐减小的趋势。

(2) 围岩塑性区影响规律。

由图 2.63 和图 2.64 分析可知：随着支护强度等级的增加，围岩塑性区范围、最大塑性应变值呈逐渐减小的趋势。

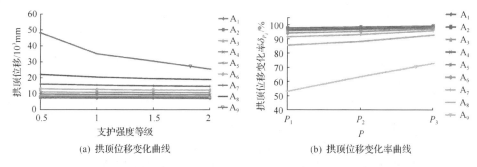

(a) 拱顶位移变化曲线　　　　　　　　(b) 拱顶位移变化率曲线

图 2.62　I_6-$A_iB_jC_1$ 方案拱顶位移曲线

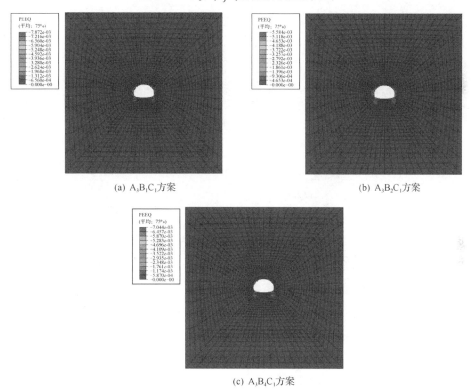

(a) $A_3B_1C_1$方案　　　　　　　　(b) $A_3B_2C_1$方案

(c) $A_3B_4C_1$方案

图 2.63　I_6-$A_3B_jC_1$ 方案围岩塑性区云图

以 A_3 固定为例：当支护强度等级为 B_1 时，最大塑性应变出现在拱脚处，为 $7.87×10^{-3}$；当支护强度等级为 B_2 时，最大塑性应变变化率为 70.9%，当支护强度等级为 B_4 时，最大塑性应变变化率为 47.6%。

(3) 支护构件受力影响规律。

由图 2.65 和图 2.66 分析可知：在方钢约束混凝土拱架+锚杆支护方式下，随着支护强度等级的增大，拱架受力呈线性逐渐增大的趋势，锚杆受力呈现逐渐减小的趋势。

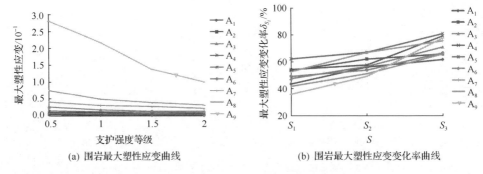

(a) 围岩最大塑性应变曲线　　　　　　(b) 围岩最大塑性应变变化率曲线

图 2.64　I_6-$A_iB_jC_1$ 方案围岩塑性应变曲线

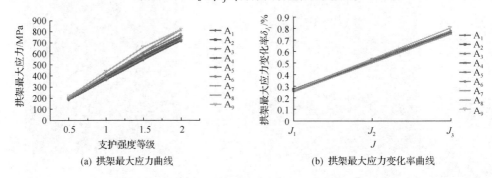

(a) 拱架最大应力曲线　　　　　　　(b) 拱架最大应力变化率曲线

图 2.65　I_6-$A_iB_jC_1$ 方案拱架应力曲线

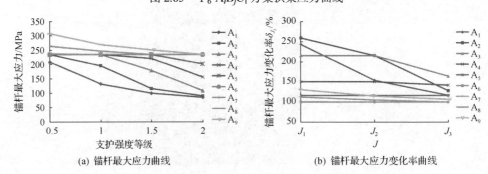

(a) 锚杆最大应力曲线　　　　　　　(b) 锚杆最大应力变化率曲线

图 2.66　I_6-$A_iB_jC_1$ 方案锚杆应力曲线

　　以 A_3 固定为例：当支护强度等级为 B_3 时，拱架最大应力是 B_4 的 76.3%；当支护强度等级为 B_2 时，拱架最大应力变化率为 52.1%；当支护强度等级为 B_1 时，拱架最大应力变化率约为 30%。

　　以 A_8 固定为例：当支护强度等级为 B_4 时，锚杆最大应力为 235MPa；当支护强度等级为 B_2 时，锚杆最大应力为 247.1MPa，锚杆最大应力变化率为 105%；当支护强度等级为 B_1 时，锚杆最大应力为 263.8MPa，锚杆最大应力变化率为 112.3%。由于拱架在支护中分担了围岩压力，导致锚杆受力的减小。

3）围岩应力等级影响

（1）拱位移影响规律。

由图 2.67 分析可知：围岩应力等级对拱顶变形影响显著。随着围岩应力等级的增加，拱顶位移呈近似直线形增加趋势。

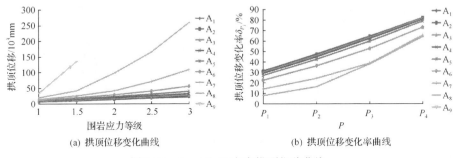

(a) 拱顶位移变化曲线　　　　　　　　　(b) 拱顶位移变化率曲线

图 2.67　I_6-$A_iB_2C_k$ 方案拱顶位移曲线

（2）围岩塑性区影响规律。

由图 2.68 和图 2.69 分析可知：围岩应力等级对围岩最大塑性应变影响显著。随着围岩应力等级的增加，围岩塑性区范围、塑性应变值呈逐渐增大的趋势。

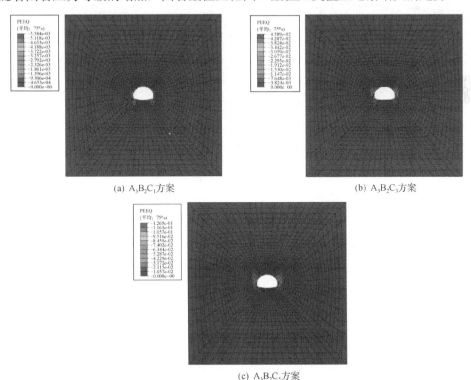

(a) $A_3B_2C_1$方案　　　　　　　　　　　　(b) $A_3B_2C_3$方案

(c) $A_3B_2C_5$方案

图 2.68　I_6-$A_3B_2C_k$ 方案部分围岩塑性区云图

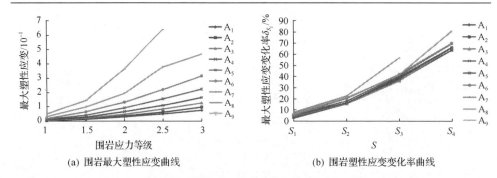

(a) 围岩最大塑性应变曲线　　　　　　(b) 围岩塑性应变变化率曲线

图 2.69　I_6-$A_iB_2C_k$ 方案围岩塑性应变曲线

(3) 支护构件受力影响规律。

由图 2.70 和图 2.71 分析可知：在方钢约束混凝土拱架+锚杆支护方式下，随着围岩应力等级的增大，拱架和锚杆受力均呈逐渐增大的趋势。

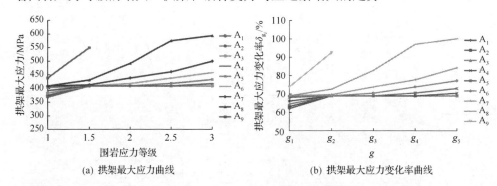

(a) 拱架最大应力曲线　　　　　　　(b) 拱架最大应力变化率曲线

图 2.70　I_6-$A_iB_2C_k$ 方案拱架应力曲线

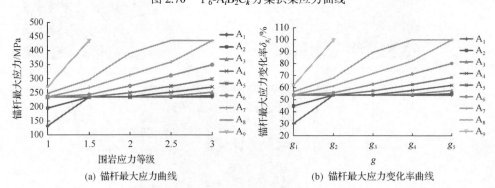

(a) 锚杆最大应力曲线　　　　　　　(b) 锚杆最大应力变化率曲线

图 2.71　I_6-$A_iB_2C_k$ 方案锚杆应力曲线

以 A_3 固定为例，由图 2.70 分析可知：当围岩应力等级为 C_5 及 C_3 时，拱架最大应力为 409.1MPa，拱架最大应力变化率为 69%；当围岩应力等级为 C_1 时，拱架最大应力为 382.9MPa，为极限应力值的 64.6%。

以 A_3 固定为例，由图 2.71 分析可知：当围岩应力等级为 C_5 时，锚杆最大应力为 252MPa，锚杆最大应力变化率为 57.8%；当围岩应力等级为 C_3 及 C_1 时，锚杆最大应力为 235MPa，锚杆最大应力变化率为 53.9%。

2.3.7　试验结果对比分析

1. 围岩位移控制效果对比

以数值试验方案 $A_iB_2C_1$(i=5，6，7，8)为例，对在破碎围岩隧道开挖中不同支护方式下围岩位移控制效果进行对比分析。

图 2.72(b)中纵坐标拱顶位移控制率 δ_{Dm} 见式(2.5)：

$$\delta_{Dm} = \frac{\Delta I_{D1} - \Delta I_{Dm}}{\Delta I_{D1}} \times 100\% \qquad (2.5)$$

式中，δ_{Dm} 为拱顶位移控制率，m=1～6；ΔI_{Dm} 为相同试验方案中各种支护方式下的拱顶位移量；ΔI_{D1} 为相同试验方案中无支护方式下的拱顶位移量。

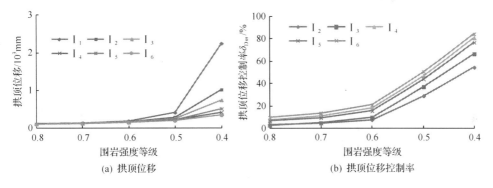

(a) 拱顶位移　　　　　　　　　　　(b) 拱顶位移控制率

图 2.72　不同支护方式下拱顶位移曲线

由图 2.72 分析可知：高强支护对围岩变形的控制效果优于普通支护，在隧道围岩位移控制效果上，方钢约束混凝土拱架+锚杆支护＞方钢约束混凝土拱架支护＞H 型钢拱架+锚杆支护＞H 型钢拱架支护＞锚杆支护方式。

由于软弱破碎隧道围岩变形大、破坏严重，选用高强的支护形式对于隧道的安全施工至关重要。基于对上述各支护方式下围岩控制效果的分析可知：高强支护对于隧道变形控制效果明显，尤其以方钢约束混凝土拱架为主的支护方式，高刚、高强、承载特性好的优势更加明显。

2. 围岩塑性区结果对比

基于开展的数值试验，以数值试验方案 $A_iB_2C_1$(i=3～9)为例，对在破碎围岩隧道开挖中不同支护方式的围岩塑性区控制效果进行讨论分析。

图 2.73(b) 中塑性应变控制率 δ_{Um} 见式 (2.6):

$$\delta_{Um} = \frac{\Delta R_{U1} - \Delta R_{Um}}{\Delta R_{U1}} \times 100\% \tag{2.6}$$

式中，δ_{Um} 为围岩塑性应变控制率，$m=1\sim6$；ΔR_{Um} 为相同试验方案中各种支护方式下的围岩最大塑性应变；ΔR_{U1} 为相同试验方案中无支护方式下的围岩最大塑性应变。

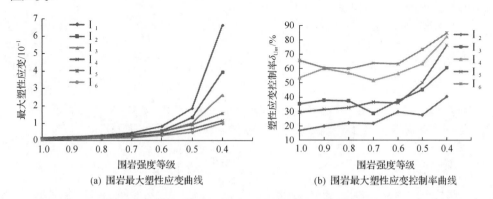

(a) 围岩最大塑性应变曲线　　　　　　　　(b) 围岩最大塑性应变控制率曲线

图 2.73　不同支护方式下围岩塑性应变曲线

由图 2.73 分析可知：在相同地质条件下，不同支护方式对隧道围岩塑性区塑性应变量影响显著，在隧道围岩塑性控制效果上，方钢约束混凝土拱架+锚杆支护＞方钢约束混凝土拱架支护＞H 型钢拱架+锚杆支护＞H 型钢拱架支护＞锚杆支护，可见方钢约束混凝土拱架及其与锚杆组合的支护方式对围岩塑性控制效果优于 H 型钢拱架及其与锚杆组合的支护方式,高强支护对围岩塑性控制效果显著。

3. 拱架受力性能评价指标

对拱架支护控制效果进行量化分析，提出拱架受力定量评价指标与受力离散指标，对自身受力均匀性进行定量研究。

1) 拱架受力定量评价指标

拱架受力定量评价指标用于评价拱架受力均值的大小，其值越大，说明拱架可承受荷载越大，见式 (2.7):

$$\bar{x} = \frac{\sum_{i=1}^{n} x_i}{n} \tag{2.7}$$

式中，$\bar{x}$ 为拱架受力定量评价指标；x_i 为拱架每点受力值，MPa；n 为拱架受力点数量。

2) 拱架受力离散指标

拱架受力离散指标是用于评价拱架受力离散程度的相对指标，其数值越小，代表其受力离散程度越小，受力均匀性越好。该指标通过拱架上每点受力的标准差除以每点受力平均值得出，见式(2.8)：

$$\mu = \frac{S}{\bar{x}} \times 100\% \qquad (2.8)$$

式中，μ 为拱架受力离散指标；S 为拱架受力标准差；$\bar{x}$ 为拱架受力平均值。

在拱架上以仰拱圆心为基准旋转 360°，每隔 5°在拱架上取一点，共取 72 个点，通过计算得到其 μ 指标，评价 H 型钢拱架与方钢约束混凝土拱架的受力性能。以试验方案 $A_iB_2C_1$(i=1，3，5，7，9) 为例。H 型钢拱架与方钢约束混凝土拱架受力结果统计见表 2.20。

表 2.20　拱架受力结果统计表

拱架	量度指标	$A_1B_2C_1$	$A_3B_2C_1$	$A_5B_2C_1$	$A_7B_2C_1$	$A_9B_2C_1$
H 型钢拱架（I_3）	-H/MPa	124.1	161.3	209.1	245.4	325.6
	μ-H/%	73.6	52.8	42.7	35.4	29.3
方钢约束混凝土拱架（I_4）	-SQCC/MPa	194.8	265.9	320.5	388.5	432.1
	μ-SQCC/%	53.2	40.6	31.8	26.3	13.7

以 $A_9B_2C_1$ 方案为例，由图 2.74 和图 2.75 分析可知：方钢约束混凝土拱架与 H 型钢拱架的受力定量评价指标分别为 432.1MPa 和 325.6MPa，受力离散指标分别为 13.7%和 29.3%。方钢约束混凝土拱架比 H 型钢拱架可承受的荷载更大、均匀性更好。

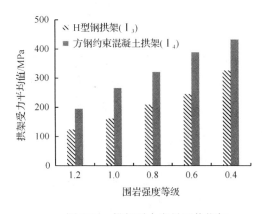

图 2.74　拱架受力定量评价指标

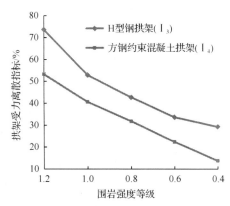

图 2.75　拱架受力离散指标

4. 锚杆力学性能结果

通过对比分析锚杆支护、H 型钢拱架+锚杆支护、方钢约束混凝土拱架+锚杆支护三种支护方式下的锚杆受力，研究不同支护方式的锚杆力学性能。在围岩破碎的情况下，以试验方案 $A_iB_2C_1$(i=6，7，8，9)为例，对锚杆的力学性能进行评价分析。

图 2.77 中纵坐标锚杆强度使用率见式(2.9)：

$$\varphi_{Bi} = \frac{\Delta O_{Bi}}{\Delta O_B} \times 100\% \tag{2.9}$$

式中，φ_{Bi} 为锚杆强度使用率；ΔO_{Bi} 为不同围岩强度等级下锚杆最大应力，MPa，i=1～4；ΔO_B 为锚杆破断应力，MPa。

由图 2.76 和图 2.77 分析可知：在锚杆、H 型钢拱架+锚杆、方钢约束混凝土拱架+锚杆三种支护方式下，锚杆受力发生了明显变化，在各支护方式中方钢约束混凝土拱架+锚杆支护的锚杆受力性能更好、支护潜力更大，当采用高强度拱架支护时，锚杆所分担的围岩压力减小，强度储备增加。

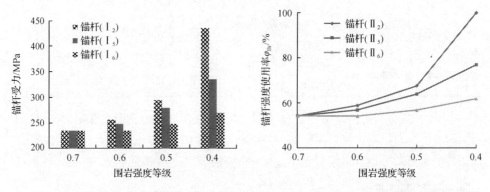

图 2.76　不同支护方式下锚杆受力柱状图　　图 2.77　不同支护方式下锚杆强度使用率曲线

以 A_9 固定为例：锚杆支护方式下锚杆强度使用率为 100%，达到其破断应力，H 型钢拱架+锚杆支护方式下锚杆强度使用率为 76.8%，方钢约束混凝土拱架+锚杆支护方式下锚杆强度使用率为 61.8%。

5. 小结

通过全断面开挖方法下大隧道围岩控制机制数值试验，对比分析了无支护、锚杆支护、H 型钢拱架支护、方钢约束混凝土拱架支护、H 型钢拱架+锚杆支护、方钢约束混凝土拱架+锚杆支护六种支护方式下隧道围岩变形、塑性区发展和支护构件受力变化规律。

试验结果表明：随着围岩强度等级的降低，拱顶位移、塑性区范围、支护构件受力呈近似指数型增加趋势；随着围岩应力等级增加，拱顶位移、塑性应变、支护构件受力呈近似直线增加趋势；围岩强度等级越低、围岩应力等级越大，隧道变形、塑性区范围越大，支护构件受力性能越差。

通过以上分析可知：方钢约束混凝土及其组合支护方式作为一种性能优良的新型支护方式能很好地满足大断面隧道软弱围岩的控制要求。

2.4　采用 CRD 与双侧壁导洞开挖方法的围岩控制机制研究

基于 2.2.3 节数值试验方案，开展 CRD 与双侧壁导洞开挖方法下的数值试验。由于前面已经详细介绍了全断面开挖方法下的试验方案及试验结果对比分析，下面仅对 CRD 及双侧壁导洞开挖方法下的试验结果进行简要分析。

2.4.1　采用 CRD 开挖方法的围岩控制机制研究

1. 围岩位移控制效果对比

以数值试验方案 $A_iB_3C_1$(i=1~9)为例，对在破碎围岩隧道 CRD 开挖方法中不同支护方式下拱顶位移量进行对比分析。

1) CRD 法开挖第一步

由图 2.78 分析可知：不同支护方式对拱顶变形影响显著，在隧道围岩控制效果上，方钢约束混凝土拱架+锚杆支护＞H 型钢拱架+锚杆支护＞方钢约束混凝土拱架支护＞H 型钢拱架支护＞锚杆支护。

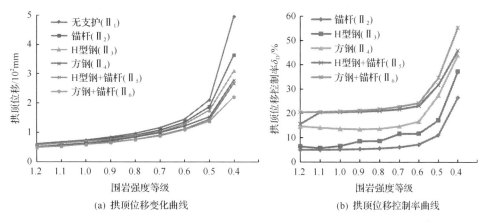

(a) 拱顶位移变化曲线　　　　　　　　(b) 拱顶位移控制率曲线

图 2.78　不同支护方式下拱顶位移曲线(1)

以 A_9 固定为例：无支护(II_1)拱顶位移为 496.7mm，锚杆支护(II_2)拱顶位移控制率为 26.6%，H 型钢拱架支护（II_3）拱顶位移控制率为 37.3%，方钢约束混凝土拱架支护（II_4）拱顶位移控制率为 43.9%，H 型钢拱架+锚杆支护（II_5）拱顶位移控制率为 45.9%，方钢约束混凝土拱架+锚杆支护（II_6）拱顶位移控制率为 55.4%。

方钢约束混凝土拱架支护拱顶位移控制率比 H 型钢拱架支护高 6.6%，方钢约束混凝土拱架+锚杆支护比 H 型钢拱架+锚杆支护高 9.5%，方钢约束混凝土拱架及其与锚杆组合的支护方式对围岩变形控制效果优于 H 型钢拱架及其与锚杆组合的支护方式。

2）CRD 法开挖完成

由图 2.79 分析可知：不同支护方式对拱顶变形控制效果不同；在隧道围岩位移控制效果上，方钢约束混凝土拱架+锚杆支护＞方钢约束混凝土拱架支护＞H 型钢拱架+锚杆支护＞H 型钢拱架支护。

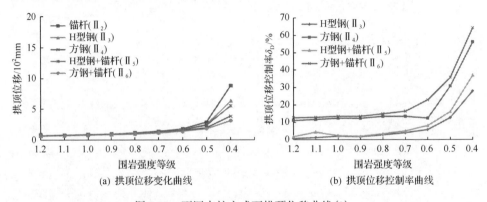

(a) 拱顶位移变化曲线　　　　　　　　(b) 拱顶位移控制率曲线

图 2.79　不同支护方式下拱顶位移曲线（2）

以 A_9 固定为例：锚杆支护（II_2）拱顶位移量为 883.5mm，H 型钢拱架支护（II_3）拱顶位移控制率为 27.9%，H 型钢拱架+锚杆支护（II_5）拱顶位移控制率为 37.1%，方钢约束混凝土拱架支护（II_4）拱顶位移控制率为 56.2%，方钢约束混凝土拱架+锚杆支护（II_6）拱顶位移控制率为 64.3%。

方钢约束混凝土拱架支护拱顶位移控制率比 H 型钢拱架支护高 28.3%，方钢约束混凝土拱架+锚杆支护比 H 型钢拱架+锚杆支护高 27.2%，方钢约束混凝土拱架及其与锚杆组合的支护方式对围岩变形控制效果优于 H 型钢拱架及其与锚杆组合的支护方式。

2. 围岩塑性区控制效果对比

以数值试验方案 $A_iB_3C_1$（i=1～9）为例，对不同支护方式下围岩塑性区控制效果进行讨论分析。

由图 2.80 和图 2.81 分析可知：在相同地质条件下，不同支护方式对隧道围岩塑性区塑性应变量影响显著；在隧道围岩塑性区控制效果上，方钢约束混凝土拱架+锚杆支护＞方钢约束混凝土拱架支护＞H 型钢拱架+锚杆支护＞H 型钢拱架支护＞锚杆支护。

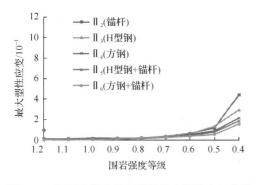

图 2.80　不同支护条件下围岩最大塑性应变曲线　　　图 2.81　不同支护方式下最大塑性应变控制率曲线

以 A_9 固定为例：锚杆支护（II_2）围岩最大塑性应变为 0.44，H 型钢拱架支护（II_3）最大塑性应变控制率为 36.1%，方钢约束混凝土拱架支护（II_4）最大塑性应变控制率为 58.1%，H 型钢拱架+锚杆支护（II_5）最大塑性应变控制率为 49.3%，方钢约束混凝土拱架+锚杆支护（II_6）最大塑性应变控制率为 64.5%。

方钢约束混凝土拱架支护最大塑性应变控制率比 H 型钢拱架支护高 22%，方钢约束混凝土拱架+锚杆支护比 H 型钢拱架+锚杆支护高 15.2%，方钢约束混凝土拱架及其与锚杆组合的支护方式对围岩塑性控制效果优于 H 型钢拱架及其与锚杆组合的支护方式，高强支护对围岩塑性控制效果显著。

3. 拱架受力性能评价指标

在拱架上以仰拱圆心为基准旋转 360°，每隔 5°在拱架上取一点，共取 72 个点，通过计算得到其 μ 指标，评价 H 型钢拱架与方钢约束混凝土拱架的受力性能。以试验方案 $A_iB_2C_1$（i=1，3，5，7，9）为例。H 型钢拱架与方钢约束混凝土拱架受力结果统计见表 2.21。

表 2.21　拱架受力结果统计表

拱架	量度指标	$A_1B_2C_1$	$A_3B_2C_1$	$A_5B_2C_1$	$A_7B_2C_1$	$A_9B_2C_1$
H 型钢拱架（II_3）	-H/MPa	158.3	193.2	230.9	259.3	336.4
	μ-H/%	66.3	48.4	39.5	26.3	22.7
方钢约束混凝土拱架（II_4）	-SQCC/MPa	238.6	290.8	347.6	397.5	435.2
	μ-SQCC/%	50.2	36.4	28.3	18.5	12.6

以 $A_9B_2C_1$ 为例,由图 2.82 和图 2.83 分析可知:方钢约束混凝土拱架、H 型钢拱架受力定量评价指标为 435.2MPa、336.4MPa,受力离散指标为 12.6%、22.7%,方钢约束混凝土拱架比 H 型钢拱架可承受荷载更大、均匀性更好。

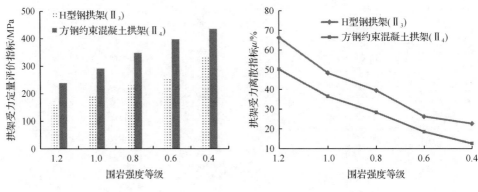

图 2.82　拱架受力定量评价指标　　　　图 2.83　拱架受力离散指标

4. 锚杆力学性能结果分析

通过对比分析锚杆支护、H 型钢拱架+锚杆支护、方钢约束混凝土拱架+锚杆支护三种支护方式下的锚杆受力,研究不同支护方式下的锚杆力学性能。在围岩破碎的情况下,以试验方案 $A_iB_3C_1$ (i=6,7,8,9)为例,对锚杆的力学性能进行评价分析。

由图 2.84 和图 2.85 分析可知:在锚杆支护、H 型钢拱架+锚杆支护、方钢约束混凝土拱架+锚杆支护三种支护方式下,锚杆受力发生了明显变化;当采用高强度拱架支护时,锚杆所分担的围岩压力减小,强度储备增加。在各支护方式中方钢约束混凝土拱架+锚杆支护的锚杆受力性能更好、支护潜力更大。

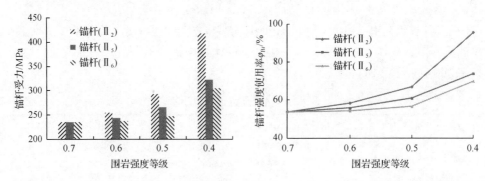

图 2.84　不同支护方式下锚杆受力柱状图　　图 2.85　不同支护方式下锚杆强度使用率曲线

2.4.2　采用双侧壁导洞开挖方法的围岩控制机制研究

1. 围岩位移控制效果对比

以数值试验方案 $A_iB_3C_1(i=1\sim9)$ 为例，对在破碎围岩隧道双侧壁导洞法中不同支护方式下拱顶位移量进行对比分析。

1) 双侧壁导洞法开挖第一步

由图 2.86 分析可知：不同支护方式对拱顶变形影响显著；在隧道围岩控制效果上，方钢约束混凝土拱架+锚杆支护＞H 型钢拱架+锚杆支护＞方钢约束混凝土拱架支护＞H 型钢拱架支护＞锚杆支护。

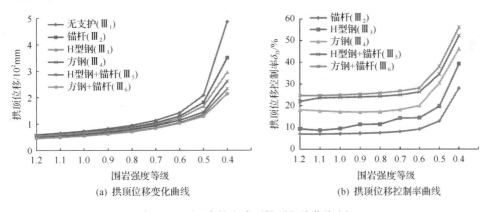

图 2.86　不同支护方式下拱顶位移曲线(1)

以 A_9 固定为例：无支护 (III_1) 时拱顶位移为 480.7mm，锚杆支护 (III_2) 拱顶位移控制率为 28.1%，H 型钢拱架支护 (III_3) 拱顶位移控制率为 39.3%，方钢约束混凝土拱架支护 (III_4) 拱顶位移控制率为 46.2%，H 型钢拱架+锚杆支护 (III_5) 拱顶位移控制率为 52.3%，方钢约束混凝土拱架+锚杆支护 (III_6) 拱顶位移控制率为 56.1%；方钢约束混凝土拱架支护拱顶位移控制率比 H 型钢拱架支护高 6.9%，方钢约束混凝土拱架+锚杆支护比 H 型钢拱架+锚杆支护高 3.8%，方钢约束混凝土拱架及其与锚杆组合的支护方式对围岩变形控制效果优于 H 型钢拱架及其与锚杆组合的支护方式。

2) 双侧壁导洞法开挖完成

由图 2.87 分析可知：不同支护方式对拱顶变形控制效果不同；在隧道围岩位移控制效果上，方钢约束混凝土拱架+锚杆支护＞方钢约束混凝土拱架支护＞H 型钢拱架+锚杆支护＞H 型钢拱架支护。

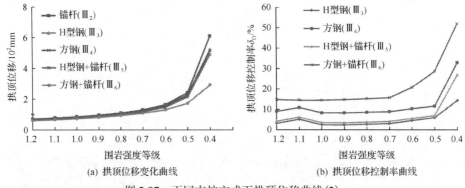

(a) 拱顶位移变化曲线　　　　　　　　　(b) 拱顶位移控制率曲线

图 2.87　不同支护方式下拱顶位移曲线(2)

以 A_9 固定为例：锚杆支护(III_2)拱顶位移量为 610.8mm，H 型钢拱架支护(III_3)拱顶位移控制率为 14.4%，H 型钢拱架+锚杆支护(III_5)拱顶位移控制率为 26.5%，方钢约束混凝土拱架支护(III_4)拱顶位移控制率为 32.2%，方钢约束混凝土拱架+锚杆支护(III_6)拱顶位移控制率为 51.9%。

方钢约束混凝土拱架支护拱顶位移控制率比 H 型钢拱架支护高 17.8%，方钢约束混凝土拱架+锚杆支护比 H 型钢拱架+锚杆支护高 25.4%，方钢约束混凝土拱架及其与锚杆组合的支护方式对围岩变形控制效果优于 H 型钢拱架及其与锚杆组合的支护方式，高强支护对围岩变形控制效果显著。

2. 围岩塑性区控制效果对比

以数值试验方案 $A_iB_3C_1$ (i=1～9) 为例，对在破碎围岩隧道开挖中不同支护方式下围岩塑性区控制效果进行讨论分析。

由图 2.88 和图 2.89 分析可知：在相同地质条件下，不同支护方式对隧道围岩塑性区塑性应变量影响显著；在隧道围岩塑性区控制效果上，方钢约束混凝土拱架+锚杆支护>方钢约束混凝土拱架支护>H 型钢拱架+锚杆支护>H 型钢拱架支护>锚杆支护。

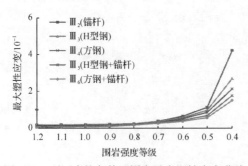

图 2.88　不同支护条件下围岩最大塑性应变曲线

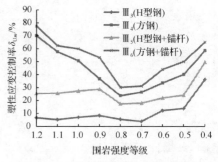

图 2.89　不同支护方式下最大塑性应变控制率曲线

以 A_9 固定为例：锚杆支护 (III_2) 围岩最大塑性应变为 0.42，H 型钢支护 (III_3) 最大塑性应变控制率为 35.6%，方钢约束混凝土拱架支护 (III_4) 最大塑性应变控制率为 57.3%，H 型钢拱架+锚杆支护 (III_5) 最大塑性应变控制率为 49.2%，方钢约束混凝土拱架+锚杆支护 (III_6) 最大塑性应变控制率为 63.7%。

方钢约束混凝土拱架支护最大塑性应变控制率比 H 型钢拱架支护高 21.7%，方钢约束混凝土拱架+锚杆支护比 H 型钢拱架+锚杆支护高 14.5%，方钢约束混凝土拱架及其与锚杆组合的支护方式对围岩塑性控制效果优于 H 型钢拱架及其与锚杆组合的支护方式，高强支护对围岩塑性控制效果显著。

3. 拱架受力性能评价指标

在拱架上以仰拱圆心为基准旋转 360°，每隔 5°在拱架上取一点，共取 72 个点，通过计算得到其 μ 指标，评价 H 型钢拱架与方钢约束混凝土拱架的受力性能。以试验方案 $A_iB_2C_1$ (i=1，3，5，7，9) 为例。H 型钢拱架与方钢约束混凝土拱架受力结果统计见表 2.22。

表 2.22　拱架受力结果统计表

拱架	量度指标	$A_1B_2C_1$	$A_3B_2C_1$	$A_5B_2C_1$	$A_7B_2C_1$	$A_9B_2C_1$
H 型钢拱架(III_3)	-H/MPa	160.5	193.8	245.6	269.2	359.7
	μ-H/%	62.7	45.2	32.9	24.3	20.6
方钢约束混凝土拱架(III_4)	-SQCC/MPa	242.1	299.5	362.6	409.1	435.7
	μ-SQCC/%	49.5	31.6	22.9	17.2	11.7

以 $A_9B_2C_1$ 为例：由图 2.90 和图 2.91 分析可知：方钢约束混凝土拱架、H 型钢拱架受力定量评价指标为 435.7MPa、359.7MPa，受力离散指标为 11.7%、20.6%。方钢约束混凝土拱架比 H 型钢拱架可承受荷载更大、均匀性更好。

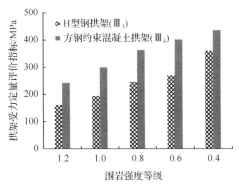

图 2.90　拱架受力定量评价指标

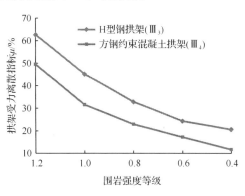

图 2.91　拱架受力离散指标

4. 锚杆力学性能结果分析

通过对比分析锚杆支护、H 型钢拱架+锚杆支护、方钢约束混凝土拱架+锚杆支护三种支护方式下的锚杆受力，研究不同支护方式下的锚杆力学性能。在围岩破碎的情况下，以试验方案 $A_iB_3C_1(i=6，7，8，9)$ 为例，对锚杆的力学性能进行评价分析。

由图 2.92 和图 2.93 分析可知：在锚杆支护、H 型钢拱架+锚杆支护、方钢约束混凝土拱架+锚杆支护三种支护方式下，锚杆受力发生了明显变化，在各支护方式中方钢约束混凝土拱架+锚杆支护的锚杆受力性能更好、支护潜力更大。

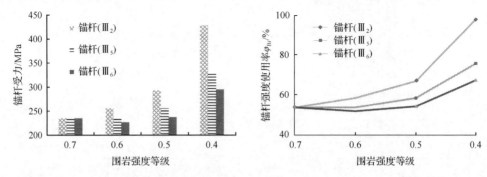

图 2.92　不同支护方式下锚杆受力柱状图　　图 2.93　不同支护方式下锚杆强度使用率曲线

以 A_9 固定为例：锚杆支护方式下锚杆强度使用率为 98.1%，H 型钢拱架+锚杆支护方式下锚杆强度使用率为 76.3%，方钢约束混凝土拱架+锚杆支护方式下锚杆强度使用率为 67.7%。当采用高强度拱架支护时，锚杆所分担的围岩压力减小，强度储备增加。

2.5　本　章　小　结

(1)在围岩控制方面，与传统支护方式相比，采用约束混凝土支护方式拱顶位移小，围岩塑性应变控制率高，具有更好的围岩控制效果。

(2)在支护构件受力方面，约束混凝土拱架可承受更大荷载，受力离散率小，均匀性更好，与锚杆联合作用下，锚杆强度储备增加，支护潜力更大。

(3)约束混凝土支护强度高，围岩变形小，安全储备大，可对软弱围岩起到高强控制作用，是一种行之有效的高强支护体系，适合在复杂条件地下工程中推广应用。

第3章 约束混凝土基本力学性能研究

本章系统开展约束混凝土基本构件与节点构件、型钢构件和劲性混凝土构件轴压、纯弯、偏压等力学性能试验,得到各类构件的破坏形态、极限承载力、抗弯刚度及不同参数的影响规律,明确各类构件和节点的承载机制。同时,开展留设灌浆口的约束混凝土性能试验,明确灌浆口补强机制,提出灌浆口的合理补强方案。

3.1 约束混凝土构件轴压性能研究

3.1.1 试验方案及概况

1. 试验方案

1)试件类别及编号

本部分轴压试验共设计 5 类试件,工字钢构件、U 型钢构件、H 型钢构件、劲性混凝土构件、约束混凝土构件,如表 3.1 所示。劲性混凝土是在工字钢和型钢槽内填筑混凝土,提高工字钢的力学性能。在地下工程支护时,在架设钢拱架后进行混凝土初喷,形成了劲性混凝土的承载结构。通过约束混凝土和劲性混凝土的力学性能比较,能更准确有效地反映不同拱架在现场的承载性能。

表 3.1 试件几何参数及部分试验结果

序号	试件	极限承载力试验结果平均值/kN	极限承载力数值计算结果/kN	差异率/%	截面含钢量相同的 SQCC 构件比其他构件承载力提高/%
1	I22b	1523	1558	2.3	72.3
2	I22b-C25	—	1857	—	44.5
3	I22b-C40	—	1885	—	42.4
4	U36	1589	1664	4.7	61.3
5	SQCC150×8-C40	2726	2685	1.5	0
6	H200×200	—	2380	—	73.1
7	H200×200-C25	—	2984	—	37.5
8	H200×200-C40	—	3090	—	32.8
9	SQCC180×10-C40	—	4102	—	0

注:I22b 为工字钢截面型号;C 为混凝土标号;SQCC150×8 为方钢约束混凝土截面型号;H200×200 为 H 型钢截面型号。

2) 构件加工

试验主要选取方钢约束混凝土构件（SQCC150×8、SQCC180×10）、H 型钢构件（H200×200）、工字钢构件（I22b）、U 型钢构件（U36），具体尺寸如图 3.1 所示。

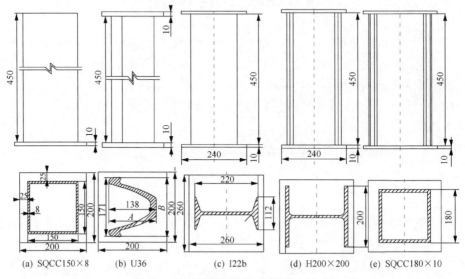

(a) SQCC150×8   (b) U36   (c) I22b   (d) H200×200   (e) SQCC180×10

图 3.1 轴压构件加工尺寸（单位：mm）

2. 室内试验

试验在 1000t 压力机上进行，试验机包括试验机控制系统和应变测试系统。为了准确地测量试件的变形，分别在试件的 1/6、1/4 和 1/2 高度处共布设 6 个应变片以测量试件轴向应变，应变片位于试件中间和靠近左边缘处，并通过静态电阻应变仪采集电阻应变片数据。同时沿试件纵向设置两个位移计，以测定试件的纵向总变形。具体试验装置如图 3.2 所示。

图 3.2 试验机控制系统及应变测试系统

采用分级加载方式，达到预计极限荷载 N_{ue} 的 50%之前，每级荷载为 N_{ue} 的 1/10，每级保压时间约为 2min；在预计极限荷载 N_{ue} 的 50%～80%时，每级荷载 为 N_{ue} 的 1/15，每级保压时间约为 2min；当荷载达到 N_{ue} 的 80%之后，慢速连续 加载，至试件最终破坏试验停止。

3. 数值试验

室内试验成本高、周期长且试验获取数据数量及精确度有限，全部通过 室内试验研究，对于试验数据积累统计、明确规律有一定难度；目前有限元 分析软件越来越精确，在参数及方法合理正确的基础上能够很好地补充和替 代部分室内试验。本章将利用有限元软件 ABAQUS，在轴压构件室内试验研 究的基础上，进行轴压数值模拟，并通过对比模拟结果与试验数据，验证所 建立模型及所选取材料参数的合理性，为下面其他构件及后续章节拱架数值 试验奠定基础。

1)本构参数

(1)钢材本构关系。

工字钢、H 型钢、方钢管一般采用 Q235 钢材，方钢管构件一般采用冷弯钢 管，通过 AISI-2001 给出的冷弯钢管截面屈服强度加权平均值计算公式得出钢管 截面强度参数。Q235 钢材本构参数如图 3.3 所示。

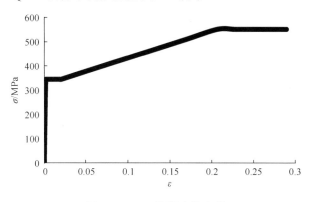

图 3.3 Q235 钢材本构参数

方钢管约束混凝土构件中常采用冷弯钢管，冷弯钢管用轧制好的薄钢板冷 弯而成，钢板经受一定的塑性变形，常出现强化和硬化。Adbel-Rahman 和 Sivakumaran[130]研究了冷弯型钢的力学性能，建议了钢材的应力-应变关系模型， 如图 3.4 所示。其中，钢板分为两个部分，即弯角区域和平板区域，如图 3.5 所示。

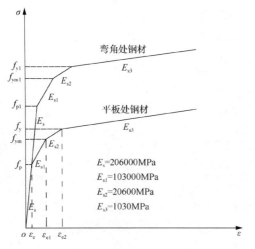

图 3.4　冷弯型钢 σ-ε 关系示意图　　　图 3.5　冷弯方钢管截面示意图

图 3.4 所示的应力-应变关系可表示为

$$\sigma=\begin{cases} E_s\varepsilon & (\varepsilon \leqslant \varepsilon_e) \\ f_p + E_{s1}(\varepsilon - \varepsilon_e) & (\varepsilon_e < \varepsilon \leqslant \varepsilon_{e1}) \\ f_{ym} + E_{s2}(\varepsilon - \varepsilon_{e1}) & (\varepsilon_{e1} < \varepsilon \leqslant \varepsilon_{e2}) \\ f_y + E_{s3}(\varepsilon - \varepsilon_{e2}) & (\varepsilon_{e2} \leqslant \varepsilon) \end{cases} \tag{3.1}$$

式中，钢材屈服强度 $f_p = 0.75 f_y$，$f_{ym} = 0.875 f_y$，应变 $\varepsilon_e = 0.75 f_y / E_s$，$\varepsilon_{e1} = \varepsilon_e + 0.125 f_y / E_{s1}$，$\varepsilon_{e2} = \varepsilon_{e1} + 0.125 f_y / E_{s2}$，$E_s$ 为钢材的弹性模量。

Karren 和 Winter[131]实测了冷弯型钢不同位置处钢材屈服强度的变化规律。Adbel-Rahman 和 Sivakumaran 研究并给出了如下计算公式用于计算整个弯角区域钢材屈服强度：

$$f_{y1} = \left[0.6 \times \frac{B_c}{(r/t)^m} + 0.4 \right] \cdot f_y \tag{3.2}$$

式中，$B_c = 3.69(f_u / f_y) - 0.819(f_u / f_y)^2 - 1.79$，$m = 0.192(f_u / f_y) - 0.068$，$f_u$ 为钢材的抗拉极限强度。

对于弯角处钢材，其应力-应变关系数学表达式仍采用式(3.1)的形式，只是将式中 f_p、f_{ym}、f_y 用 f_{p1}、f_{ym1}、f_{y1} 代替。

为了便于计算，AISI-2001 给出了冷弯型钢管截面屈服强度的加权平均值计算公式：

$$f_{ya} = C f_{y1} + (1-C) f_{y1} \tag{3.3}$$

式中，f_{y1} 为弯角处钢材的屈服强度；C 为钢管弯角面积与钢管总截面面积之比。公式的适合范围为 $f_u/f_y \geqslant 1.2$，弯曲半径 $r/t \leqslant 7$，且弯角对应的圆心角不超过 $120°$。

(2) U 型钢属于高强钢材，本书采用图 3.6 所示的双线性模型。

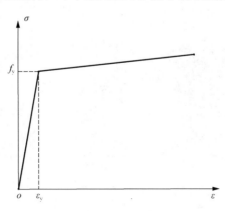

图 3.6　双线性模型

其数学表达式为

$$\sigma = \begin{cases} E_s\varepsilon & (\sigma \leqslant f_y) \\ 0.01E_s(\varepsilon - \varepsilon_y) + f_y & (\sigma > f_y) \end{cases} \tag{3.4}$$

其中，强化段的模量可取值 $0.01E_s$，$E_s = 1.97 \times 10^5 \text{MPa}$，根据材料拉伸试验数据，钢材屈服强度 f_y 取 335MPa，抗拉极限强度 f_u 取 533MPa。

(3) 核心混凝土本构关系[133]。

混凝土采用塑性损伤模型，采用适用于 ABAQUS 的核心混凝土应力-应变关系：

$$y = \begin{cases} 2x - x^2 & (x \leqslant 1) \\ \dfrac{x}{\beta_0(x-1)^\eta + x} & (x > 1) \end{cases} \tag{3.5}$$

式中，$x = \dfrac{\varepsilon}{\varepsilon_o}$，$y = \dfrac{\sigma}{\sigma_o}$，$\varepsilon_o = \varepsilon_c + 800\xi^{0.2} \times 10^{-6}$，$\eta = 1.6 + 1.5/x$，$\varepsilon_c = (1300 + 12.5f_c') \times 10^{-6}$，$\beta_0 = \dfrac{(f_c')^{0.1}}{1.2\sqrt{1+\xi}}$。

2) 单元类型及网格划分

钢管壁比较厚，因此钢管和核心混凝土均采用三维实体单元，同时考虑计算精度和计算代价两个因素，钢管和混凝土均采用减缩积分格式的六面体单元，这样在网格精度得到保证的情况下能够很好地满足计算的精度，在每种模拟情况下灵活选取线性单元和二次单元，因此，单元类型在 C3D8R 和 C3D20R 之间选取。轴压试验基本构件网格划分如图 3.7 所示。

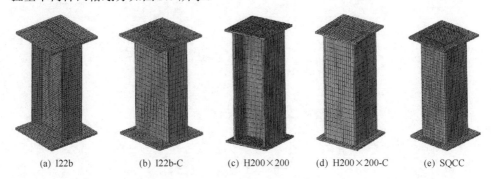

| (a) I22b | (b) I22b-C | (c) H200×200 | (d) H200×200-C | (e) SQCC |

图 3.7　轴压试验基本构件网格划分

3)边界条件

本次数值试验对构件一个自由端约束三个方向位移，在另一个自由端采用位移加载。

4)试验概况

针对室内试验分别进行数值试验，同时对劲性混凝土进行轴压试验。本章设计劲性混凝土 I22b-C25(I22b 工字钢与 C25 混凝土构成)和 H200×200-C25(H200×200 型钢与 C25 混凝土构成)，与灌注 C40 混凝土的方钢约束混凝土进一步比较，也进行 I22b-C25 和 H200×200-C25 两种劲性混凝土的数值试验。

3.1.2　试验结果分析

1. 破坏特征分析

(1)工字钢和 H 型钢试件表现出明显的平面外失稳破坏，在试件中间位置，两翼板对称扭曲，腹板弯曲；在加载初期试件无明显变形破坏，随着荷载增加，试件开始出现失稳弯曲；在翼板边缘出现较为明显的应力集中现象。

(2)在工字钢槽内填筑混凝土试件没有发生特别明显的平面外弯曲破坏，但整体有弯曲现象，说明在现场中及时对工字钢初喷能够较好地改善工字钢的力学性能，增强结构稳定性。

(3)U 型钢试件与工字钢试件破坏特征类似，呈现出弯曲失稳的破坏形态。由图 3.8(a)可以看出，U 型钢试件在轴向荷载作用下整体出现明显的弯曲失稳，U 型钢截面耳部变形最为严重。说明试件在 B 边所在竖向平面内的整体稳定性较差，钢材屈服后试件的承载能力主要取决于其抗弯性能，截面承载能力未得到有效发挥。

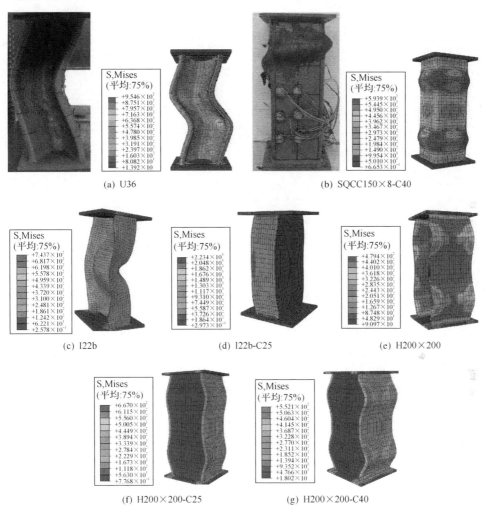

图 3.8　试件破坏形态

(4)SQCC 试件呈现出剪切滑移和多折腰鼓型的破坏形态。试件在加载初期没有明显的变形破坏特征，随着荷载的增加，试件进入弹塑性破坏阶段，钢管壁局部开始出现剪切滑移线；继续加载至极限荷载的 70%左右时，试件表面开始出现明显的屈曲波波峰；相比于型钢试件，SQCC 试件表现出很好的稳定性，没有发生平面外失稳，在试验过程中，钢管对破碎后的核心混凝土仍起到很好的约束作用，同时由于核心混凝土的支撑作用，钢材没有发生平面外屈曲破坏。

2. 荷载-位移曲线分析

图 3.9 为各试件轴压荷载-位移曲线，图 3.10 为极限荷载对比柱状图。

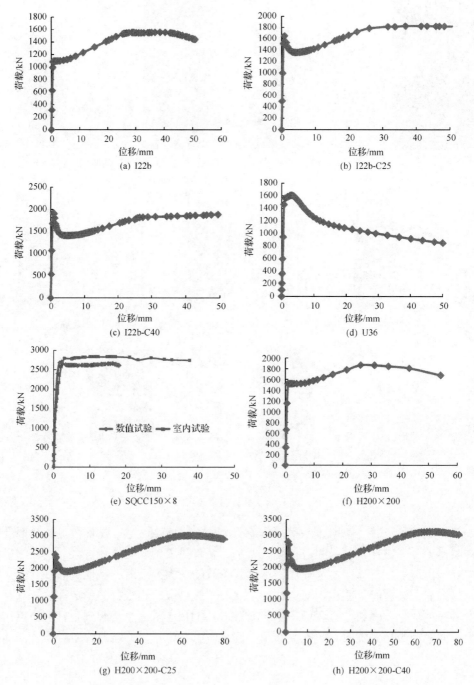

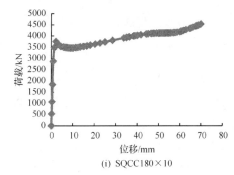

(i) SQCC180×10

图 3.9　各类试件荷载-位移曲线

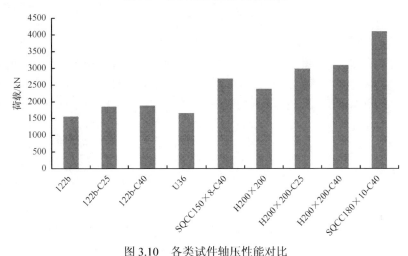

图 3.10　各类试件轴压性能对比

(1)工字钢和 H 型钢试件轴压荷载-位移曲线经历了线弹性上升—弹塑性缓慢上升—塑性稳定—屈曲下降四个阶段，I22b 极限轴压承载能力为 1558kN；H200×200 极限轴压承载能力为 1850kN。在线弹性上升阶段，钢材基本处于弹性阶段，变形很小，荷载增加迅速；在弹塑性缓慢上升阶段，荷载增加速度明显降低，试件变形速度开始较大幅度增加；在塑性稳定阶段，荷载开始稳定、不再增加，试件变形速度更快，很快试件屈曲失稳，进入屈曲下降阶段。

(2)I22b-C 和 H200×200-C 等劲性混凝土试件由于有了混凝土的支撑作用，相比于型钢试件，极限承载能力提高了 19.2%以上，同时线弹性上升阶段有了明显增加，当该阶段结束后迅速进入了快速下降的阶段，该阶段混凝土达到极限承载后的塑性破坏，导致混凝土的承载能力迅速降低，混凝土的支撑强度降低后，整个试件承载也迅速下降，随后进入了塑性稳定阶段，承载能力基本稳定，没有明显下降。

(3)U36 试件主要经历了弹性变形阶段—弹塑性变形阶段—塑性变形阶段—下降段，弹性变形阶段，钢材基本处于弹性范围，变形幅度不大，但荷载却增加很快，荷载值为极限荷载的 92.8%(平均值)；钢材进入弹塑性变形阶段，达到了弯曲失稳的临界点，荷载值为极限荷载 N_{uc} 的 99.2%，已经非常接近极限荷载；下降阶段，曲线在达到峰值点后就开始下降，钢管出现明显的弯曲失稳，荷载随变形的发展而显著下降。

(4)SQCC 试件主要经历了线弹性上升—弹塑性缓慢上升—塑性稳定 3 个阶段，没有型钢试件屈曲下降阶段，同时 SQCC 试件相比其他三类试件承载能力有明显提高，SQCC150×8-C40 与含钢量相同的 I22b 工字钢相比较承载能力提高了72.3%，比 I22b-C 提高了 42.4%以上，而且与隧道 V 级围岩常用的 H200×200(截面含钢量是 SQCC150×8-C40 的 1.5 倍)相比，承载能力仍提高 12.8%；SQCC180×10-C40 比截面含钢量相同的 H200×200、H200×200-C25、H200×200-C40 承载能力分别提高了 73.1%、37.5%、32.8%。

(5)目前，隧道在 V 级围岩支护中常用 H200×200 型钢拱架，SQCC150×8-C40轴压承载力是它的 1.128 倍，而且仅比 H200×200-C25 低 9.8%，可见在条件恶劣的 V 级围岩隧道中，含钢量低、操作轻便、经济性好的 SQCC150×8-C40 拱架对H200×200 型钢拱架有一定的替代作用；而当条件更加复杂时，与 H200×200 含钢量相同的 SQCC180×10-C40 拱架能提供更加高强的支护反力。

(6)通过室内试验和数值试验比较，最大差异率仅为 6.4%，验证了数值试验参数及方法的正确性。

3.1.3　小结

(1)劲性混凝土试件比型钢试件承载能力有了一定程度的提高，I22b-C25 试件比 I22b 提高了 19.2%，而且后期承载能力也有一定程度的提高。

(2)通过含钢量最相近的四类构件轴压试验比较，SQCC 构件承载能力比其他三类构件高 32.8%~73.1%，同时在轴力作用下没有型钢构件的承载能力下降现象，反映出方钢约束混凝土较好的强度和后期承载能力。

(3)SQCC150×8-C40 对 H200×200 有一定的替代作用，而且 SQCC180×10-C40能够对条件更加复杂的围岩提供高承载力。

(4)室内试验和数值试验结果有较好的一致性。

3.2　约束混凝土构件纯弯性能研究

3.2.1　试验方案及概况

1. 试验方案

1)约束混凝土基本构件对比试验方案

为明确方钢约束混凝土、工字钢、劲性混凝土等基本构件极限弯矩、抗弯刚度等纯弯力学性能，在前期基本构件轴压试验对数值试验参数及方法验证可行的基础上，展开基本构件及节点构件四点弯曲数值试验。

(1)试件型号：I22b、I22b-C25、SQCC150×8-C40、H200×200、H200×200-C25、SQCC180×10-C40。

(2)试件长度：2250mm，综合考虑构件纯弯试验所需长度及各类节点影响范围，选取试件长度 2250mm。

(3)试验方法：如图 3.11 所示，构件两端铰支，在数值试验模型中对 A、D 两处断面水平中线限定竖向位移实现滑动铰支约束，在靠近两端 1/4 的 B、C 两个位置施加竖向荷载，BC 段只受弯矩作用。

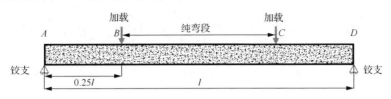

图 3.11 构件纯弯试验方案示意图

2)节点力学性能试验方案

拱架节点抗弯刚度力学性能是拱架承载能力计算以及参数优化的重要基础，本节以 SQCC150×8-C40 拱架为例，对约束混凝土法兰节点进行纯弯力学试验，研究各因素对节点力学性能的影响，优化节点参数。首先选定保守参数(法兰盘厚度 40mm，螺栓直径 36mm，法兰盘长度 390mm、宽度 220mm)作为基本方案，对法兰盘厚度、螺栓型号等主要参数进行优化。

方钢约束混凝土法兰节点：取法兰节点长 1125mm，包括法兰盘、高强螺栓、加强肋板等部件。建立试验节点构件长度 2250mm，法兰节点均在纯弯范围内，如图 3.12 所示。

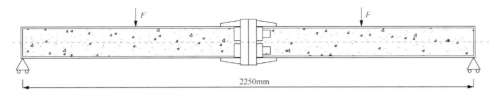

图 3.12 节点纯弯试验方案示意图

2. 试验模型

1)边界条件

在纯弯试件一个自由端中线施加 U_1、U_2、U_3 三个方向约束，另一个自由端中线水平方向不约束，限定其余两个方向位移，在与自由端平行的加载线上进行位移加载。

2) 网格划分

钢管和混凝土均采用减缩积分格式的六面体单元，单元类型选取 C3D8R，网格划分情况如图 3.13 所示。

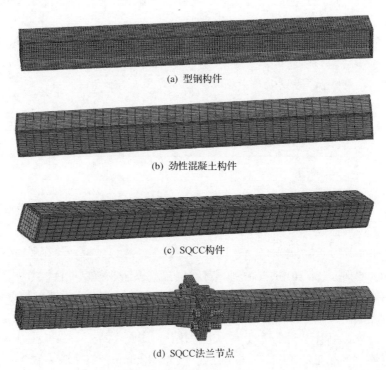

(a) 型钢构件

(b) 劲性混凝土构件

(c) SQCC构件

(d) SQCC法兰节点

图 3.13　纯弯构件网格划分

3.2.2　基本构件试验结果分析

1. M-$\Delta\varphi$ 曲线分析

计算完成后，提取加载点所在截面的转角数据，在此基础上计算构件曲率增量(构件曲率的变化量)，然后与截面弯矩整合成 M-$\Delta\varphi$ 曲线，可直观反映构件的抗弯力学性能。

图 3.14 为典型的 M-$\Delta\varphi$ 曲线，O 点表示试验开始点，A 点为 $0.2M_{ue}$ 对应位置，B 点为 $0.6M_{ue}$ 对应位置，E 点为 M_{ue} 对应位置，M_{ue} 为 $\Delta\varphi$=0.1 时弯矩(约 10000 微应变)，单位为 kN·m；F 点认为是纯弯试验最终位置(取 $\Delta\varphi$=0.2)。曲率增量 $\Delta\varphi$ 为试验过程中纯弯段的曲率变化量，单位为 m^{-1}。

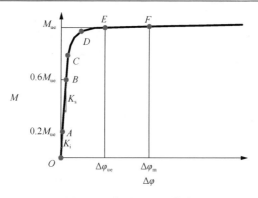

图 3.14　典型 M-$\Delta\varphi$ 曲线

等效抗弯刚度反映的是构件抵抗弯矩作用下变形的能力，包括以下两种。

初始阶段等效抗弯刚度：$K_i = \dfrac{0.2M_{ue}}{\Delta\varphi_{0.2}}$ 为 $M = 0.2M_{ue}$ 位置割线刚度，单位为 $kN\cdot m^2$；

使用阶段等效抗弯刚度：$K_s = \dfrac{0.6M_{ue}}{\Delta\varphi_{0.6}}$ 为 $M = 0.6M_{ue}$ 位置割线刚度，单位为 $kN\cdot m^2$。

图 3.15 为试验构件 M-$\Delta\varphi$ 曲线，表 3.2 为各构件极限弯矩、抗弯刚度结果统计。

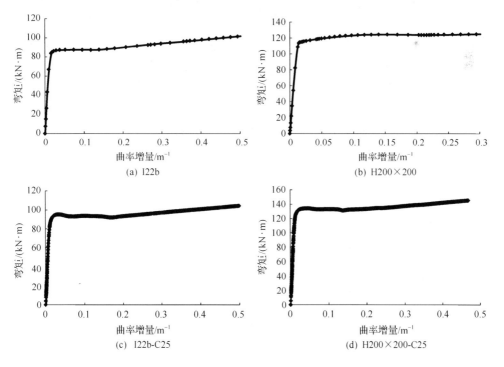

(a) I22b

(b) H200×200

(c) I22b-C25

(d) H200×200-C25

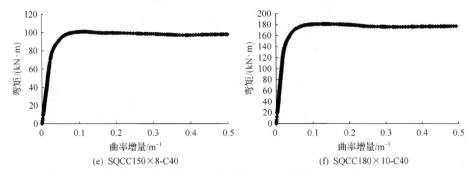

(e) SQCC150×8-C40　　　　　(f) SQCC180×10-C40

图 3.15　各试件 M-$\Delta\varphi$ 曲线

表 3.2　各试件极限弯矩、抗弯刚度结果

序号	试件型号	M_{ue}/(kN·m)	K_i/(kN·m²)	K_s/(kN·m²)
1	I22b	87.4	7341.3	7334.3
2	I22b-C25	93.3	8552.7	8117.7
3	SQCC150×8-C40	100.2	3442.2	3210.1
4	H200×200	123.8	9962.6	9932.7
5	H200×200-C25	133.1	11702.5	11035.2
6	SQCC180×10-C40	180.8	6967.7	6808.8

通过图 3.14、图 3.15 并结合表 3.2 分析，结果如下。

(1) 试件 M-$\Delta\varphi$ 曲线分为弹性增大(OC)—弹塑性增大(CD)—塑性增大(DE)—塑性稳定(EF)四个阶段(图 3.14)，OC 段弯矩随曲率增量基本呈线性变化，CD 段试件产生弹塑性变形，弯矩变化速度开始变小，DE 段试件产生塑性变形，弯矩仍在增大，但增速开始趋于零，EF 段试件弯矩趋于稳定。

(2) 对比截面含钢量相同的 I22b、I22b-C25、SQCC150×8-C40 试件，SQCC150×8-C40 的极限弯矩 M_{ue} 最大，分别比 I22b 和 I22b-C25 高 14.65%和 7.40%，I22b-C25 劲性混凝土比 I22b 工字钢极限弯矩提高 6.8%。

(3) 对 H200×200、H200×200-C25、SQCC180×10-C40 比较，SQCC180×10-C40 极限弯矩 M_{ue} 分别比 H200×200、H200×200-C25 提高了 46.0%和 35.8%，H200×200-C25 劲性混凝土比 H200×200 型钢极限弯矩提高 7.5%，K_i 和 K_s 分别提高 17.5%和 11.1%。

(4) 通过几类试件试验结果可知，初始阶段等效抗弯刚度 K_i 比使用阶段等效抗弯刚度 K_s 大，SQCC150×8-C40 最明显，K_i 比 K_s 高 7.2%。

(5) 由于工字钢、H 型钢等基于抗弯性能对截面进行了优化，截面含钢量相同的约束混凝土试件虽然抗弯刚度小于型钢，但极限弯矩明显优于型钢及劲性混凝土。

2. 应力分析

以 SQCC150×8-C40 为例，绘制试件在 O、A、B、E、F 五个阶段的应力云

图，如图 3.16 所示。

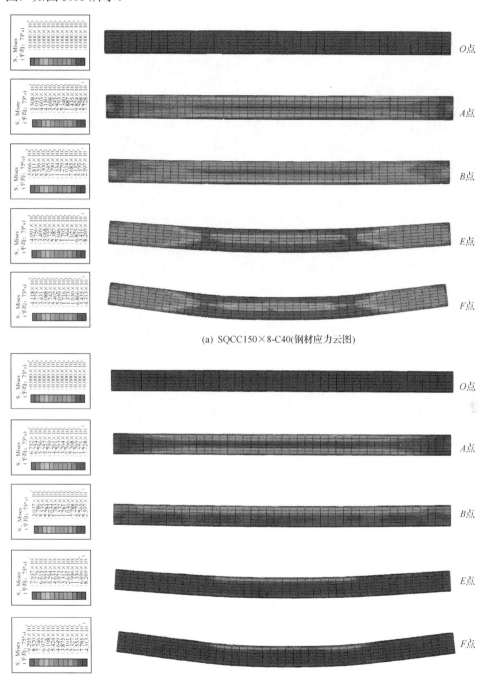

(a) SQCC150×8-C40(钢材应力云图)

(b) SQCC150×8-C40(混凝土应力云图)

图 3.16 纯弯试验试件应力云图

图 3.17 为各试件在 O、A、B、E、F 五个阶段对应的钢材最大有效应力和混凝土最大有效应力。

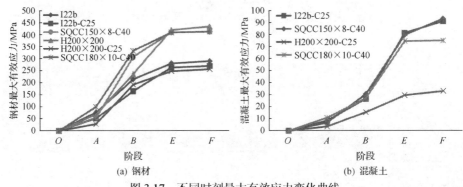

图 3.17　不同时刻最大有效应力变化曲线

（1）I22b 工字钢，在前三个阶段钢材应力均在屈服应力之内，在后两个阶段钢材超过屈服强度，在纯弯段内应力从内向上、下表面明显增大，中间区域出现了明显的应力最小区域，说明了该段试件基本只受弯矩的作用，试验设计及参数很好地满足了试件纯弯性能能力学试验的要求。

（2）I22b-C25 劲性混凝土试件和 I22b 工字钢试件钢材应力大小及规律基本相同，混凝土有效应力较大，在 OA 阶段混凝土应力较小，在 B 点之后混凝土应力增速加快且破坏严重。

（3）SQCC150×8-C40 钢材应力较大区域主要集中在纯弯段，中间位置应力最小，向上、下表面两个方向增大，上、下表面应力最大，在 OB 阶段均未达到屈服应力，应力增速开始减小，第四阶段达到屈服应力，之后应力基本保持不变；混凝土应力基本和 I22b-C40 劲性混凝土应力变化规律保持类似，B 点之后混凝土应力增速加快且破坏严重。

（4）H200×200 型钢变形形态明显不同于其他试件，在翼板处出现了明显的局部凹陷破坏，由于 H200×200 具有较大的抗弯刚度，不易弯曲，但翼板强度不足以承受局部施加的荷载，所以 H 型钢发生了局部变形破坏。

（5）H200×200-C25 劲性混凝土钢材应力明显小于 H200×200 型钢，应力大小和 I22b 相近，尽管 H200×200-C25 劲性混凝土抗弯刚度更大，但是由于混凝土的支撑作用，避免了局部凹陷的产生。

（6）SQCC180×10-C40 钢材应力明显比型钢和劲性混凝土要大，应力值和 H200×200 相近，但没有发生 H 型钢局部变形、应力集中的现象，纯弯段截面中间存在应力最小区域，B 点以后应力增速减小，混凝土应力在 B 点后增速加快，EF 阶段应力基本保持不变。

（7）约束混凝土和劲性混凝土试件存在一个相似现象，钢材应力一般在 OA 阶段增速较慢，AB 阶段增速最快，BE 阶段增速减缓，EF 阶段基本保持不变；混凝土应力在 OA 阶段增速较缓，AB 阶段增速变大，BE 阶段为应力增加最快阶段，EF 阶段基本保持不变；比较钢材和混凝土应力规律，钢材在 AB 阶段增速最快，BE 阶段为混凝土应力增加最快阶段，可见钢材先于混凝土产生应力快速增大的现象。

3.2.3　节点参数影响机制

节点纯弯试验共进行了如表 3.3 所示的 16 个对比试验，通过对 M_{ue}、K_i、K_s 等对比分析，研究了各因素对节点力学性能影响规律，对节点参数进行了优化，为拱架设计提供依据。

表 3.3　纯弯试验方案及等效抗弯刚度计算结果

序号	试验内容	试验目的	M_{ue}/(kN·m)	0.2M_{ue}/(kN·m)	0.2M_{ue}对应 $\Delta\varphi$	0.6M_{ue}/(kN·m)	0.6M_{ue}对应 $\Delta\varphi$	K_i/(kN·m²)	K_s/(kN·m²)
1	FC-2250-40-M36-150-390-220-C40	基本方案	99.48	19.90	0.007	59.69	0.022	2794.75	2666.21
2	FC-2250-30-M36-150-390-220-C40		98.77	19.75	0.008	59.26	0.025	2501.49	2354.89
3	FC-2250-26-M36-150-390-220-C40	法兰盘厚度	98.2	19.52	0.008	59.18	0.026	2373.75	2276.18
4	FC-2250-24-M36-150-390-220-C40		97.9	19.58	0.009	58.8	0.027	2278.90	2263.70
5	FC-2250-22-M36-150-390-220-C40		88.58	17.72	0.009	53.15	0.029	1952.39	1819.54
6	FC-2250-40-M27-150-390-220-C40		99.13	19.83	0.008	59.48	0.024	2641.96	2482.58
7	FC-2250-40-M24-150-390-220-C40	螺栓直径	99.08	19.68	0.007	59.48	0.023	2592.79	2439.7
8	FC-2250-40-M20-130-390-220-C40		69.85	13.97	0.005	41.91	0.018	2541.51	2369.16
9	FC-2250-40-M36-150-380-220-C40	法兰盘长度	99.53	19.91	0.007	59.72	0.022	2758.83	2716.88
10	FC-2250-40-M36-150-370-220-C40		99.60	19.92	0.007	59.76	0.022	2872.85	2767.29
11	FC-2250-40-M36-150-390-240-C40	法兰盘宽度	99.57	19.91	0.007	59.74	0.022	2881.22	2721.87
12	FC-2250-40-M36-150-390-260-C40		99.55	19.91	0.007	59.73	0.022	2823.15	2767.08
13	FC-2250-40-M36-150-390-220-C30		97.94	19.59	0.007	58.76	0.022	2720.34	2623.09
14	FC-2250-40-M36-150-390-220-C50	混凝土强度	99.48	19.90	0.007	59.69	0.022	2794.75	2666.21
15	FC-2250-40-M36-150-390-220-C60		100.83	20.17	0.007	60.50	0.022	2792.00	2706.76
16	FC-2250-40-M36-150-390-220-C70		103.25	20.65	0.007	61.95	0.022	2856.32	2754.38

注：FC-2250-40-M36-150-390-220-C40 表示法兰连接约束混凝土钢材总长 2250mm，法兰盘厚度 40mm，螺栓直径 36mm、长度 150mm，法兰盘长度 390mm、宽度 220mm，内填 C40 混凝土。

1. 法兰盘厚度

图 3.18 为不同法兰盘厚度(长度 390mm、宽度 220mm)对节点 M-$\Delta\varphi$ 曲线、极限弯矩 M_{ue}、抗弯刚度 K_i 和 K_s 的影响规律曲线。

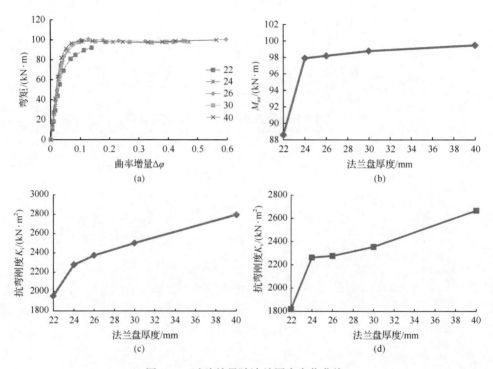

图 3.18　试验结果随法兰厚度变化曲线

(1)分析图 3.18 可知,当构件法兰盘厚度小于 24mm 时,节点力学性能明显降低,法兰盘厚度为 22mm 时的节点极限弯矩 M_{ue} 为 88.58kN·m,比法兰盘厚度为 40mm 时减小 11.0%,K_i 和 K_s 分别减小 30.1%和 31.8%。

(2)法兰盘厚度为 24mm 与厚度为 40mm 相比,节点力学性能降低不明显,M_{ue} 为 97.9kN·m,仅降低 1.59%;K_i 和 K_s 分别减小 18.5%和 15.1%。

(3)针对 SQCC150×8-C40 拱架节点(法兰盘长度 390mm、宽度 220mm),法兰建议采用厚度大于或等于 24mm 的钢板。

2. 螺栓型号

图 3.19 为不同螺栓型号对节点 M-$\Delta\varphi$ 曲线、极限弯矩 M_{ue}、抗弯刚度 K_i 和 K_s 的影响规律曲线(M24 代表直径为 24mm 螺栓)。

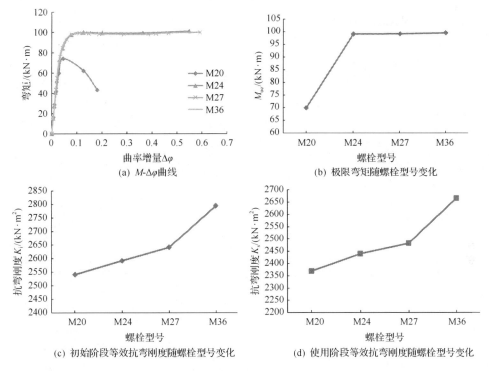

图 3.19　试验结果随螺栓型号变化规律曲线

分析图 3.19 曲线可知：

(1)根据 M-$\Delta\varphi$ 曲线，法兰盘使用 M24、M27、M36 三种螺栓效果较为相似，但使用 M20 螺栓的节点极限弯矩明显降低，且随着曲率的增加，弯矩变小，没有较好的后期抗弯能力，抗弯性能明显弱于其他三种螺栓；

(2)根据图 3.19(b)，使用 M24、M27、M36 螺栓的法兰节点极限弯矩基本相同，使用 M20 螺栓的节点比使用 M24 螺栓的节点极限弯矩低 29.5%，承载性能明显降低；

(3)使用四种螺栓的节点等效抗弯刚度与约束混凝土构件相比不可避免地都有明显的下降，使用 M20、M24、M27 螺栓的节点 K_i 比 M36 低 9.1%、7.2%、5.5%，K_s 比 M36 分别低 11.1%、8.5%、6.9%；

(4)通过不同型号螺栓节点试验结果分析，当螺栓型号超过 M24 以后，增大节点螺栓型号对提高节点极限弯矩作用不明显，综合比较，对于 SQCC150×8-C40 拱架建议使用 M24 型号螺栓。

3. 核心混凝土强度

图 3.20 为不同核心混凝土强度等级对节点 M-$\Delta\varphi$ 曲线、极限弯矩 M_{ue}、抗弯

刚度 K_i 和 K_s 的影响规律曲线。

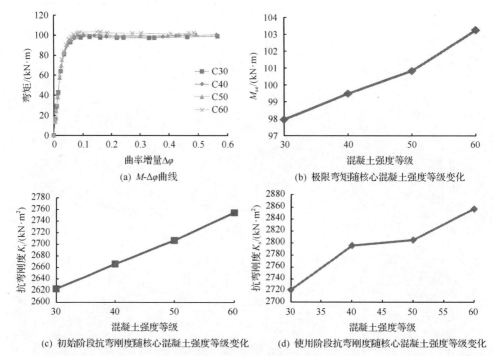

(a) M-$\Delta\varphi$ 曲线

(b) 极限弯矩随核心混凝土强度等级变化

(c) 初始阶段抗弯刚度随核心混凝土强度等级变化

(d) 使用阶段抗弯刚度随核心混凝土强度等级变化

图 3.20 试验结果随核心混凝土强度变化规律曲线

分析图 3.20 曲线可知:根据 M-$\Delta\varphi$ 曲线,钢管内灌注的核心混凝土强度对节点纯弯性能影响不大,极限弯矩随核心混凝土强度等级增大基本呈线性增大的趋势,强度等级每增加 10MPa,极限弯矩平均提高 1.78%;K_i 随核心混凝土强度增加呈线性增大,强度等级每增加 10MPa,K_i 平均提高 1.6%。

通过以上分析,现场所用约束混凝土拱架根据实际情况选取不同型号,本节仅以 SQCC150×8-C40 方钢约束混凝土拱架节点为例,探讨了节点参数对力学性能的影响规律。基于以上研究结果,建议 SQCC150×8-C40 拱架在法兰盘边长等其他节点参数和算例基本一致的情况下,选取 24mm 厚法兰盘、M24 螺栓可以达到安全、经济、高效的目的。

3.2.4 小结

本节针对 I22b、H200×200 型钢构件,I22b-C25、H200×200-C25 劲性混凝土构件和 SQCC150×8-C40、SQCC180×10-C40 方钢约束混凝土构件进行了四点弯曲数值试验,对构件纯弯性能及抗弯刚度进行了对比研究,得到以下结论。

(1)得到构件弯矩与曲率增量的 M-$\Delta\varphi$ 曲线,曲线分为弹性增大(OC)—弹塑性增大(CD)—塑性增大(DE)—塑性稳定(EF)四个阶段(图 3.14)，SQCC150×8-C40 的极限弯矩分别比 I22b 和 I22b-C25 高 14.65%和 7.40%；I22b-C25 劲性混凝土比 I22b 工字钢极限弯矩提高 6.8%，填注混凝土对 K_i 提高程度更加显著。

(2)SQCC180×10-C40 极限弯矩 M_{ue} 最大，分别比 H200×200、H200×200-C25 提高了 46.0%和 35.8%；H200×200-C25 劲性混凝土比 H200×200 型钢极限弯矩提高 7.5%，K_i 和 K_s 分别提高 23.3%和 11.1%。

(3)方钢约束混凝土没有像 H 型钢发生局部变形、应力集中的现象，纯弯段中间存在应力最小区域，B 点后应力增速减小，混凝土应力在 B 点之后增速加快，EF 阶段应力基本保持不变。

(4)约束混凝土和劲性混凝土构件存在一个相似现象，即钢材应力一般在 OA 阶段增速较慢，AB 阶段增速最快，BE 阶段增速减缓，EF 阶段基本保持不变；混凝土应力在 OA 阶段增速较缓，AB 阶段增速变大，BE 阶段为应力增加最快阶段，EF 阶段基本保持不变；比较钢材和混凝土应力规律，钢材在 AB 阶段增速最快，BE 阶段为混凝土应力增加最快阶段，可见钢材先于混凝土产生应力快速增大的现象。

(5)以 SQCC150×8-C40 方钢约束混凝土拱架节点为例,研究了节点参数对力学性能的影响规律，建议 SQCC150×8-C40 拱架在法兰盘边长等其他节点参数和算例基本一致的情况下，选取 24mm 厚法兰盘、M24 螺栓可以达到安全、经济、高效的目的。

3.3　约束混凝土构件偏压性能研究

3.3.1　试验方案及概况

1. 试验方案

本章 3.1 节和 3.2 节对常用拱架构件进行了轴压和纯弯的力学性能试验，明确了基本构件及节点构件的抗压和抗弯性能，拱架在实际应用中更多是在压弯组合作用模式下工作。为更好地明确拱架构件的压弯组合承载性能，本节分别设计了对 SQCC150×8C25、I22b、I22b-C25、H200×200、H200×200-C25、SQCC180×10 六种构件的偏压试验，如图 3.21 所示，取偏心率 e/r=0、0.25、0.5、1、2 五种工况。

2. 试验模型

1)边界约束

在图 3.22 所示模型的自由端设置一个刚度很大的垫块模拟加载端板，对加载端板的加载线约束 x、y 方向位移，计算时采用 z 方向位移加载方式。

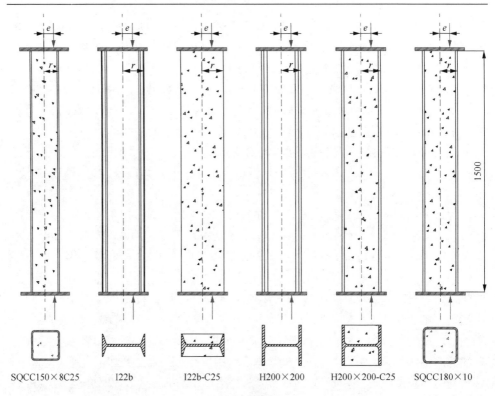

SQCC150×8C25　　I22b　　I22b-C25　　H200×200　　H200×200-C25　　SQCC180×10

图 3.21　构件偏压试验方案示意图

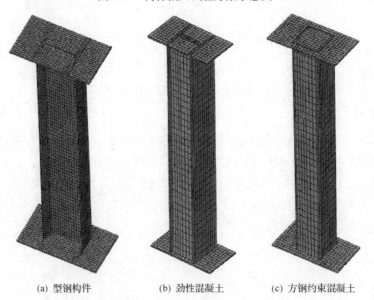

(a) 型钢构件　　　　(b) 劲性混凝土　　　　(c) 方钢约束混凝土

图 3.22　偏压构件网格划分

2) 网格划分情况

网格类型及单元类型均与轴压和纯弯试验相同,网格划分情况如图 3.22 所示。

3.3.2　试验结果分析

1. 应力云图

以 SQCC150×8 试件为例,绘制如图 3.23 所示应力云图,当荷载达到最大时,

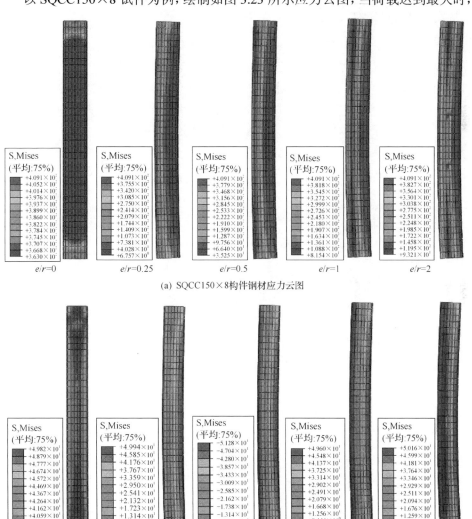

(a) SQCC150×8构件钢材应力云图

(b) SQCC150×8构件混凝土应力云图

图 3.23　SQCC150×8 构件应力云图

钢材均超过了屈服强度，偏心率较小时，试件主要受压，随着偏心率增大，构件压应力逐渐向偏压一侧转移，$e/r=2$ 时，试件均出现了压应力-最小应力-拉应力三个区域纵向分区排列的特征。

混凝土基本表现受压作用，受拉现象不明显，随着偏心率增大，压应力逐渐向右转移，但最左侧没有表现出明显的受拉现象，最大有效应力与偏心率关系不明显。

2. I22b、I22b-C25、SQCC150×8 对比分析

I22b、I22b-C25、SQCC150×8 三种截面含钢量基本相同的构件通过不同偏心率的偏压试验，得到如图 3.24 所示轴力 (N)-跨中挠度 (μ_m) 变形关系曲线和 $N\text{-}M$ 相关曲线。$N\text{-}M$ 相关曲线可以作为构件在压弯组合作用下的临界破坏判据，当轴压与弯矩组合在 $N\text{-}M$ 曲线与坐标轴包络范围以内时，构件没有达到临界破坏状态，当超出曲线以外时，构件超过临界状态，产生破坏。

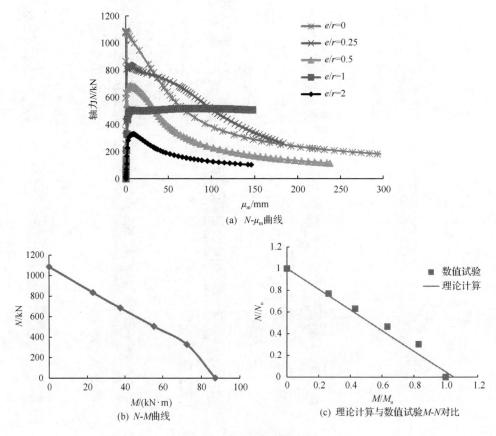

(a) $N\text{-}\mu_m$ 曲线

(b) $N\text{-}M$ 曲线

(c) 理论计算与数值试验 $M\text{-}N$ 对比

图 3.24　I22b 偏压试验结果

对图 3.24～图 3.27 和表 3.4 分析可知。

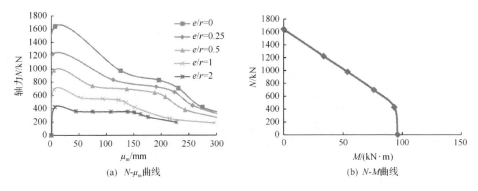

(a) N-μ_m曲线　　　　(b) N-M曲线

图 3.25　I22b-C25 偏压试验结果

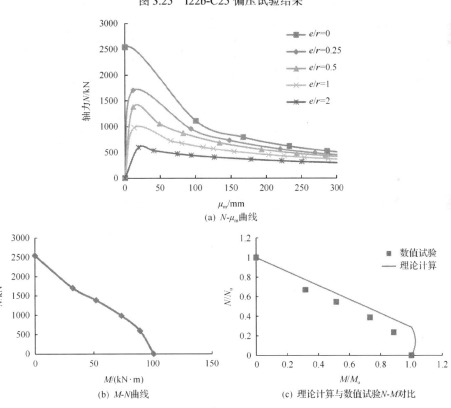

(a) N-μ_m曲线

(b) M-N曲线　　　　(c) 理论计算与数值试验N-M对比

图 3.26　SQCC150×8 偏压试验结果

（1）根据 N-μ_m 曲线，随着偏心率的增大，试件承载能力降低。I22b 试件在 e/r=1 偏压情况下，轴力没有其他偏压条件下出现的下降阶段，随着跨中挠度的增大保持了很好的平稳过程，这是由于 e/r=1 时，加载线正好位于一侧翼板上，使得试件具有很好的承压性能。

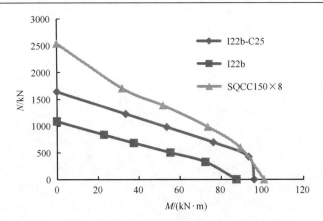

图 3.27　第一组偏压试验 N-M 曲线对比

表 3.4　第一组偏压试件力学性能统计

e/r	I22b		I22b-C25		SQCC150×8	
	N_{uc}/kN	M_{uc}/(kN·m)	N_{uc}/kN	M_{uc}/(kN·m)	N_{uc}/kN	M_{uc}/(kN·m)
0	1085.2	0	1641.46	0	2541.59	0
0.25	834.96	22.9614	1223.48	33.6457	1704.82	31.965375
0.5	683.05	37.56775	977.584	53.76712	1384.59	51.922125
1	503.871	55.42581	693.672	76.30392	982.201	73.665075
2	329.3	72.446	424.063	93.29386	595.256	89.2884

(2)I22b-C25 试件在相同的偏心距下，承载能力均大于 I22b 试件，分别高出 51.3%、46.5%、43.1%、37.7%、28.8%，可见随着偏心率的增加，I22b-C25 试件的极限承载力提高率逐渐减小。

(3)SQCC150×8 试件偏压承载力相比于型钢和劲性混凝土优势更加明显，首先在偏心率为 0 的情况下，试件承载能力最接近通过试件轴压得到的承载能力，仅减小 5.3%，具有良好的稳定性，I22b、I22b-C25 在 e/r=0 情况下的承载能力比试件轴压承载能力分别减小 43.6%和 11.6%。

(4)I22b 和 SQCC150×8 试件理论计算与数值试验结果吻合较好，SQCC150×8 数值试验结果比理论计算结果略小。

(5)根据图 3.25，作为临界破坏判据的 N-M 曲线，包络范围为 SQCC150×5＞I22b-C25＞I22b，这种优势在弯矩较小一侧最为明显。

(6)对 N-M 曲线进行公式拟合得到构件压弯强度承载判据。

①I22b 工字钢：

$$N = 11.751M + 1112.9 \quad (R^2 = 0.98) \tag{3.6}$$

②I22b-C25 工字钢：

$$N = \begin{cases} -12.879M + 1654.1(R^2 = 0.998) & (M \leqslant 93.1) \\ -156.7M + 15044(R^2 = 1) & (M > 93.1) \end{cases} \tag{3.7}$$

③SQCC150×8：

$$N = \begin{cases} -21.011M + 2480.9(R^2 = 0.987) & (M \leqslant 73.66) \\ -0.9929M^2 + 137.03M - 3724(R^2 = 1) & (M > 73.66) \end{cases} \tag{3.8}$$

3. H200×200、H200×200-C25、SQCC180×10 对比分析

H200×200、H200×200-C25、SQCC180×10 三种截面含钢量基本相同的构件通过不同偏心率的偏压试验，得到轴力-跨中挠度变形关系曲线和 N-M 相关曲线。对图 3.28～图 3.31 和表 3.5 分析可知。

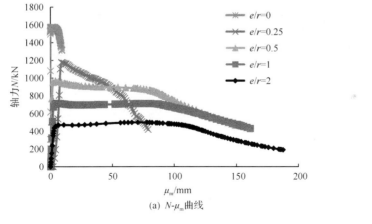

(a) N-μ_m 曲线

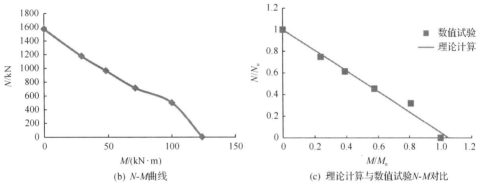

(b) N-M 曲线　　　(c) 理论计算与数值试验 N-M 对比

图 3.28　H200×200 偏压试验结果

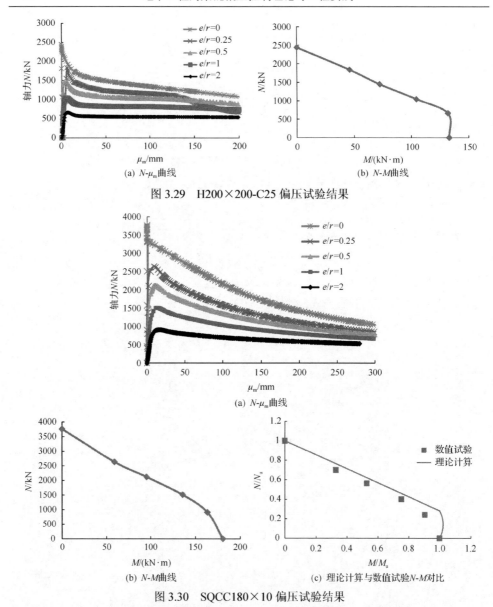

图 3.29　H200×200-C25 偏压试验结果

图 3.30　SQCC180×10 偏压试验结果

(1)H200×200 试件随着偏心率的增大跨中挠度增大，在施加相同位移条件下，e/r=0 及 e/r=0.25 情况下跨中挠度变形较小，说明试件在弯曲变形的过程中轴向变形较大。

(2)H200×200-C25 试件在相同偏心率下的承载能力均大于 H200×200，高出 31.8%~55.1%，随着偏心率的增加，提高率减小；与 SQCC150×8 类似，SQCC180×10 试件在偏心率为 0 条件下承载力更接近轴压荷载，稳定性更好，且随着偏心率增大，曲线逐渐趋于扁平。

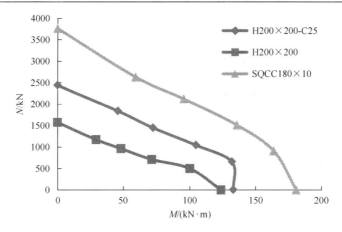

图 3.31　第二组偏压试验 N-M 曲线对比

表 3.5　第二组偏压试件力学性能统计

e/r	H200×200		H200×200-C25		SQCC180×10	
	N_{ue}/kN	M_{ue}/(kN·m)	N_{ue}/kN	M_{ue}/(kN·m)	N_{ue}/kN	M_{ue}/(kN·m)
0	1572.76	0	2439.56	0	3763.45	0
0.25	1175.15	29.38	1837.05	45.93	2632.04	59.22
0.5	965.133	48.26	1446.05	72.34	2121.15	95.45
1	713.118	71.31	1045.81	104.58	1510.13	135.91
2	500.557	100.11	659.96	131.99	909.41	163.69

(3) 图 3.31 中 N-M 曲线，包络范围为 SQCC180×10>H200×200-C25>H200×200，不同于 SQCC150×8，SQCC180×10 在压、弯两侧都具有很明显的优势。

(4) H200×200 和 SQCC180×10 的理论计算与数值试验结果进行比较，理论计算结果略大于数值试验，尤其是约束混凝土试件，理论计算压弯强度包络线安全范围更大。

(5) 对 N-M 曲线进行公式拟合得到试件压弯强度承载判据。

H200×200：

$$N= -11.869M + 1558.7\,(R^2 = 0.9822) \tag{3.9}$$

H200×200-C25：

$$N = \begin{cases} -13.473M + 2441.9(R^2 = 0.9996) & (M \leqslant 131.991) \\ -595.09M + 79207(R^2 = 1) & (M > 131.991) \end{cases} \tag{3.10}$$

SQCC180×10：

$$N = \begin{cases} -16.515M + 3706.4(R^2 = 0.9945) & (M \leqslant 135.9117) \\ -0.7206M^2 + 188.87M - 11182(R^2 = 1) & (M > 135.9117) \end{cases} \tag{3.11}$$

3.3.3　小结

本节对六种试件进行了偏心率 e/r=0/0.25/0.5/1/2 五种条件下的偏压对比试验，得到了构件压弯力学性能，绘制了 $M\text{-}\mu_m$ 和 $M\text{-}N$ 曲线，根据截面含钢量分为两组进行对比研究。

(1)通过 $M\text{-}\mu_m$ 曲线可知，随着偏心率的增大，试件承载能力降低。型钢试件在 e/r=1 偏压情况下，轴力随着跨中挠度的增大保持平稳，由于 e/r=1 时，加载线正好位于一侧翼板上，试件表现出很好的承压性能。

(2)劲性混凝土试件偏压承载力比相应型钢试件分别高出 20%～50%，随着偏心率的增加，承载力提高率逐渐减小。

(3)约束混凝土试件偏压承载力相比于型钢和劲性混凝土试件优势更加明显，在偏心率为 0 的情况下，承载能力最接近通过试件轴压得到的承载能力，具有良好的稳定性；型钢、劲性混凝土在 e/r=0 情况下的承载能力比试件轴压承载能力分别减小 40%和 10%左右。

(4) $M\text{-}N$ 曲线包络范围：约束混凝土＞劲性混凝土＞型钢，这种优势在弯矩较小一侧最为明显；理论计算和数值试验 $M\text{-}N$ 包络范围吻合较好，理论计算结果稍大于数值试验。

(5)对型钢试件和约束混凝试件 $N\text{-}M$ 曲线进行拟合，得到 $N\text{-}M$ 压弯强度判别公式，型钢试件拟合为线性方程，劲性混凝土试件拟合为两条线性的分段方程，方钢约束混凝土试件拟合为直线和二次曲线的分段方程，约束混凝土试件具有更好的延性。

(6)根据偏压试验应力云图可知，当荷载达到最大时，钢材均超过了屈服强度。偏心率较小时，试件主要受压；随着偏心率增大，试件压应力逐渐向偏压一侧转移；试件 e/r=2 时，均出现了压应力-最小应力-拉应力三个区域纵向分区排列的特征。混凝土基本表现出受压现象，受拉现象不明显，随着偏心率增大，压应力逐渐向右转移，但最左侧没有表现出明显的受拉现象，最大有效应力与偏心率关系不明显。

3.4　灌浆口补强机制研究

拱架留设的灌浆口是拱架的关键破坏部位，对拱架整体承载能力有很大的削弱作用，因此灌浆口的补强对拱架整体承载性能十分重要。以 SQCC150×8C40 为例，通过构件轴压室内试验与数值试验的结合研究灌浆口补强性能。

3.4.1　灌浆口破坏情况

1)试验方案设计

试验设计 SQCC150×8 与 SQCC150×8-DA(DA-留设灌浆口)两种试件进行分析对比试验，设计参数如图 3.32 所示。

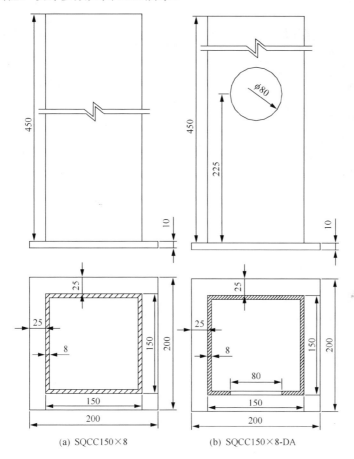

(a) SQCC150×8　　　　　(b) SQCC150×8-DA

图 3.32　试件加工尺寸

2)破坏形态分析

观测构件室内轴压试验全过程，分析对比 SQCC150×8 与 SQCC150×8-DA 两种试件变形破坏形态、荷载位移曲线及极限承载力，明确灌浆口破坏形态。

SQCC150×8-DA 试件典型破坏形态如图 3.33 所示。

设置灌浆口后，试件呈现出明显的侧向弯曲破坏形态。试验过程中，随荷载的增加，灌浆口及其附近位置出现了明显的应力集中现象，试件最先在开口处出现压扁破坏，继而产生侧倾失稳破坏。

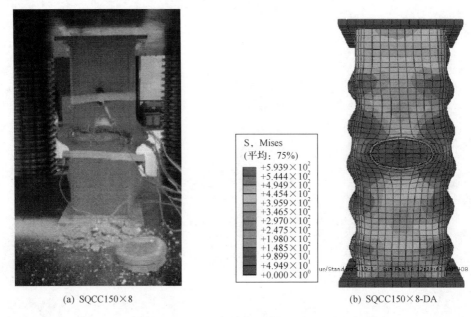

(a) SQCC150×8　　　　　　　　(b) SQCC150×8-DA

图 3.33　试件典型破坏形态

3) 荷载-位移曲线分析

图 3.34 为 SQCC150×8 试件和 SQCC150×8-DA 试件室内试验与数值试验得到的荷载-位移曲线。

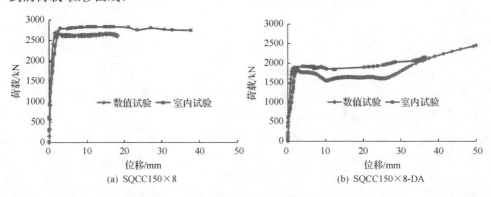

(a) SQCC150×8　　　　　　　　(b) SQCC150×8-DA

图 3.34　室内试验和数值试验荷载-位移曲线

SQCC150×8 试件和 SQCC150×8-DA 试件荷载-位移曲线均经历了弹性阶段、弹塑性阶段、塑性阶段和稳定阶段，但当留设灌浆口后，试件屈服强度与极限承载都有一定下降。

4) 极限承载力对比分析

室内试验和数值试验极限承载力结果对比分析见表 3.6。

表 3.6　室内试验结果与数值试验结果对比

类别	试件编号	室内试验/kN	数值试验/kN	差异率/%
SQCC 试件	SQCC150×8	2726	2685	1.5
留设灌浆口试件	SQCC150×8-DA	1911.2	1871.1	2.14

（1）设置灌浆口后试件轴压承载能力相比 SQCC 试件降低了 29.9%（以室内试验结果为准）。为提高开口后试件轴压承载能力，需对灌浆口进行补强处理，进行试件补强性能研究对提高试件及拱架承载性能具有重要价值。

（2）数值试验与室内试验在极限承载力方面的差异率最大为 2.14%，试验结果基本一致，证明了数值试验模型、材料参数、荷载条件的正确性。

3.4.2　灌浆口补强方式研究

1. 补强方案设计

为了研究不同补强措施对 SQCC 开口构件轴压承载力等力学性能的影响，进行了侧弯钢板补强（ASS）、开口钢板补强（APS）和周边钢板补强（PPS）三种数值方案。充分考虑补强措施的经济性，构件其余参数不变，补强钢板设计含钢量相同，具体参数见图 3.35。

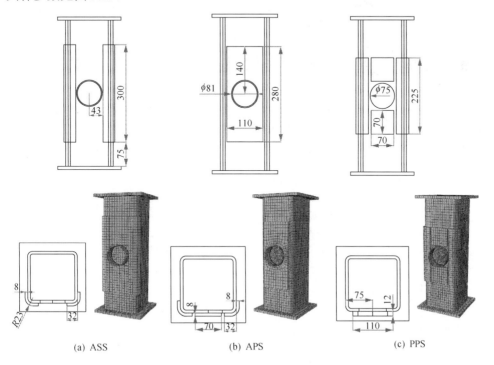

(a) ASS　　　　　(b) APS　　　　　(c) PPS

图 3.35　不同补强方案尺寸与模型图

2. 试验结果分析

1) 破坏形态分析

对三种补强方式的 SQCC 构件进行数值试验研究，并对 ASS 补强方式进行了室内对比试验，其破坏形态如图 3.36 所示，对比分析结果如下。

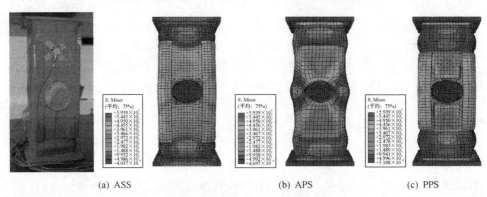

(a) ASS　　　　　　　　　　　(b) APS　　　　　　　　　(c) PPS

图 3.36　不同补强方式试件典型破坏形态

(1) ASS 试件在加载初期无明显变形破坏特征；随着荷载的增加，试件进入弹塑性变形阶段，以补强钢板上下边为界，钢板上下两侧出现剪切线，试件变形较小；当荷载增加至极限荷载的 80% 左右时，钢板上下两侧出现明显的屈曲波波峰，且随荷载的增加，屈曲波现象更为明显。整个加载过程中，灌浆口无明显变形现象，关键破坏部位位于钢板上下两侧，补强效果明显；室内试验与数值试验破坏形态有较好的一致性。

(2) APS 试件加载初期无明显变形特征；随荷载增加，灌浆口出现应力集中现象，变形较小；当荷载增加至极限荷载的 70% 左右时，灌浆口率先压扁破坏，成为试件关键破坏部位；随着荷载的持续增加，试件侧倾、失稳破坏。整个加载过程中，灌浆口为关键破坏部位，补强效果差。

(3) PPS 试件加载过程中变形特征与 ASS 试件相似，由开始的弹塑性变形阶段变形较小到加载至极限荷载的 75% 左右时，钢板上下两侧出现屈曲波波峰。整个加载过程中，灌浆口无明显变形现象，关键破坏部位位于钢板上下两侧，补强效果明显。

2) 荷载-位移曲线分析

图 3.37 为数值试验得到的 ASS、APS、PSS 三种灌浆口补强措施下 SQCC 试件的荷载-位移曲线图。

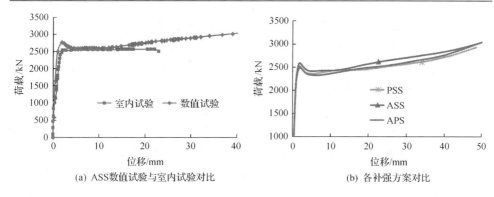

(a) ASS数值试验与室内试验对比　　　　　(b) 各补强方案对比

图 3.37　不同补强方式荷载-位移曲线

分析可知：

(1) 不同灌浆口补强试件荷载-位移曲线基本形态相似，都分为 4 个阶段：弹性变形阶段—弹塑性变形阶段—塑性变形阶段—稳定变形阶段；

(2) 不同灌浆口补强试件荷载-位移曲线在弹性变形阶段，其直线斜率没有明显变化，即在含钢量相同时，不同灌浆口补强方式对弹性模量的影响忽略不计。

3）极限承载力结果分析

表 3.7 为不同构件补强措施极限承载力数值结果对比分析。

表 3.7　不同补强方案构件极限承载力结果

补强方式	试件编号	极限承载力 N_{ue}/kN	提高率/%
侧弯钢板补强	SQCC150×8-ASS	2782.48	45.6
开口钢板补强	SQCC150×8-APS	2435.9	27.5
四周钢板补强	SQCC150×8-PPS	2512.4	31.5

注：提高率为相比开口试件极限承载力提高程度。

含钢量相同时，三种补强方式中 ASS 试件极限承载力最大，补强效果最好；APS 试件极限承载力最小。ASS 试件、APS 试件和 PPS 试件极限承载力分别比开口试件提高 45.6%、27.5%、31.5%，达到了较好的补强效果。

3. 小结

(1) 设置灌浆口后，试件开口及其附近位置明显产生应力集中现象，成为关键破坏部位，试件灌浆口率先压扁进而整体侧倾、失稳破坏。在含钢量相同的情况下，进行三种不同方式的补强试验，补强后试件极限承载力比 SQCC 开口试件大幅提高，可达到较好的补强效果。

(2)ASS 试件灌浆口及其附近位置强度得到大幅提高,关键破坏位置出现在侧弯钢板上下两侧。试件应力集中程度明显降低, 极限承载力比开口试件提高45.6%, 补强效果最好。

(3)APS 试件强度得到提高, 极限承载力比开口试件提高 27.5%。灌浆口及其附近位置依然是关键破坏部位, 属于应力集中区, 试件率先从灌浆口开始破坏。

(4)PPS 试件应力集中区向灌浆口背侧及补强钢板上下两侧转移, 应力集中位置位于钢板上下两侧, 试件极限承载力比开口试件提高 31.5%。

(5)在含钢量相同的前提下, 综合考虑三种补强效果, ASS 试件极限承载力提高最为显著, 应力集中程度降低最明显, 补强效果最好, 因此初步选定 ASS 试件补强方案进行分析。

3.4.3 灌浆口侧弯钢板补强方案优化

1. 侧弯钢板长度参数优化

1) 方案设计

为研究侧弯钢板长度对 SQCC 开口构件补强效果的影响,进行了 16 组不同侧弯钢板长度的构件数值试验,通过对比分析选出最优方案。ASS 试件只改变补强钢板长度, 其余参数不变。

选取部分有代表性的侧弯钢板长度参数, 其数值试验结果见表 3.8。

表 3.8 不同侧弯钢板长度构件方案试验结果

类别	序号	试验编号	极限承载力 N_{uc}/kN	提高率/%	类别	序号	试验编号	极限承载力 N_{uc}/kN	提高率/%
SQCC-ASS	1	ASS100-8	2500.52	30.8	SQCC-ASS	7	ASS260-8	2735.75	43.15
	2	ASS160-8	2566.06	34.3		8	ASS280-8	2755.51	44.2
	3	ASS180-8	2596.09	35.8		9	ASS300-8	2782.48	45.6
	4	ASS200-8	2625.62	32.1		10	ASS320-8	2800.97	46.6
	5	ASS220-8	2664.12	34.2		11	ASS340-8	2814.15	47.2
	6	ASS240-8	2729.12	42.8		12	ASS360-8	2829.26	48.0

注: ASS100 指侧弯钢板长度 100mm; 8 指侧弯钢板厚度, 其他类推。

2) 结果分析

不同侧弯钢板长度补强试件的典型破坏形态如图 3.38 所示。

图 3.39 为不同侧弯钢板长度补强构件的荷载-位移曲线, 图 3.40 为随侧弯钢板长度增加 SQCC 开口试件极限承载力变化情况。

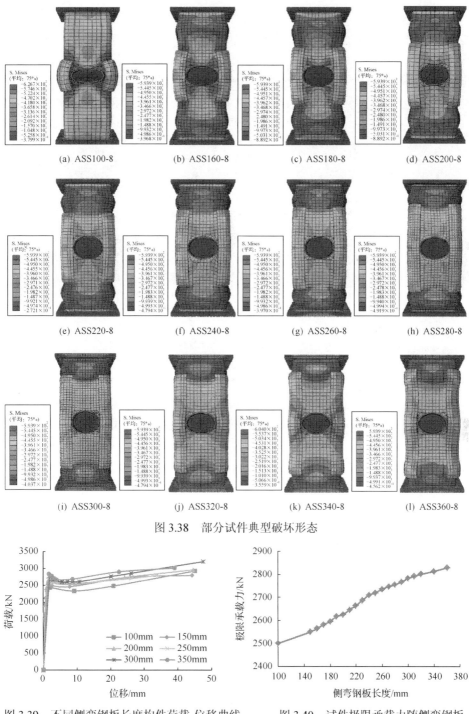

图 3.38 部分试件典型破坏形态

图 3.39 不同侧弯钢板长度构件荷载-位移曲线

图 3.40 试件极限承载力随侧弯钢板
长度变化曲线

由上述分析可知:

(1) SQCC150×8-ASS 试件极限承载力变化随侧弯钢板长度增加分两个阶段。首先是快速增加阶段,此阶段试件极限承载力增速显著提高,试件补强效果提升明显;然后是增速减缓阶段,此阶段试件极限承载力虽然依旧保持增加趋势,但增加速率逐渐降低,补强效果提升不明显。拟合得到极限承载力 F_n 与侧弯钢板长度 x 的关系公式为

$$F_n = \begin{cases} 0.0049x^2 - 0.1708x + 2268.8 & (100 \leqslant x < 240) \\ -0.0038x^2 + 3.2897x + 1933.1 & (240 \leqslant x \leqslant 350) \end{cases} \quad (3.12)$$

当 $100 \leqslant x < 240$ 时,拟合度 $R^2=0.9986$,当 $240 \leqslant x \leqslant 350$ 时,拟合度 $R^2=0.997$。

(2) 随侧弯钢板长度增加,SQCC 试件应力集中区和关键破坏部位逐渐由灌浆口及其附近位置向补强钢板上下两侧转移。当长度超过 300mm 之后,灌浆口附近又逐渐重新出现应力集中现象,试件整体呈现多折腰鼓破坏形态,极限承载力持续增大。

(3) 综合对比分析,侧弯钢板长度为 240mm 时,钢管截面压应力分布差异较小,灌浆口周围应力集中程度低,性价比最高。

2. 侧弯钢板厚度参数优化

1) 方案设计

为研究侧弯钢板厚度对 SQCC 开口构件补强效果的影响,进行了 10 组不同侧弯钢板厚度的构件数值试验,通过对比分析选出最优方案。ASS 试件只改变侧弯钢板厚度,其余参数不变。

侧弯钢板厚度参数及试验结果见表 3.9。

表 3.9　不同侧弯钢板厚度构件方案试验结果

类别	序号	试验编号	极限承载力 N_{ue}/kN	提高率/%	类别	序号	试验编号	极限承载力 N_{ue}/kN	提高率/%
SQCC-ASS	1	ASS300-4	2673.03	39.9	SQCC-ASS	6	ASS300-9	2779.72	45.4
	2	ASS300-5	2709.72	41.8		7	ASS300-10	2776.89	45.3
	3	ASS300-6	2741.54	43.5		8	ASS300-11	2777.05	45.3
	4	ASS300-7	2767.6	44.8		9	ASS300-12	2776.21	45.3
	5	ASS300-8	2781.48	45.5		10	ASS300-13	2780.13	45.5

2) 结果分析

图 3.41 为不同侧弯钢板厚度部分试件试验的典型破坏形态。

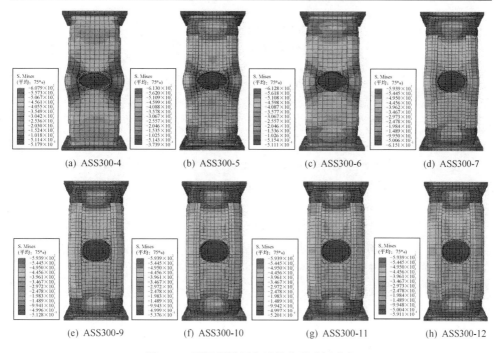

(a) ASS300-4　　　　　(b) ASS300-5　　　　　(c) ASS300-6　　　　　(d) ASS300-7

(e) ASS300-9　　　　　(f) ASS300-10　　　　　(g) ASS300-11　　　　　(h) ASS300-12

图 3.41　不同钢板厚度试件典型破坏形态

图 3.42 为不同侧弯钢板厚度试件的荷载-位移曲线，图 3.43 为随侧弯钢板厚度增加开口试件极限承载力变化情况。

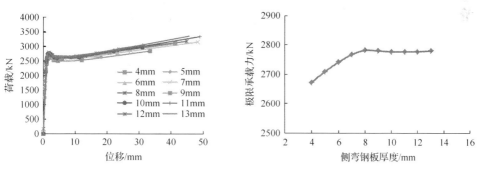

图 3.42　不同侧弯钢板厚度试件荷载-位移曲线　　　图 3.43　试件极限承载力随侧弯钢板厚度变化曲线

由上述分析可知：

(1) 随侧弯钢板厚度增加，灌浆口补强试件极限承载力呈先增大后趋于平缓的变化趋势，表明在厚度小于 8mm 时，试件极限承载力受侧弯钢板厚度影响明显，厚度超过 8mm 后，试件极限承载力随钢板厚度增加变化不明显。拟合得到极限承载力 F_n 与补强钢板厚度 x 的关系公式为

$$F_n = \begin{cases} -3.67x^2 + 71.518x + 2245 & (4 \leqslant x \leqslant 8) \\ 0.114x + 2576.9 & (8 < x \leqslant 13) \end{cases} \tag{3.13}$$

当 $4 \leqslant x \leqslant 8$ 时，拟合度 R^2=0.9993，当 $8 < x \leqslant 13$ 时，拟合度 R^2=0.9871。

(2)随侧弯钢板厚度增加，试件应力集中区和关键破坏部位逐渐由灌浆口及其附近位置向补强钢板上下两侧转移，当厚度继续增大时，灌浆口及其附近位置又会重新产生应力集中。

(3)综合考虑经济性及补强效果，对比选择最优钢板厚度为 8mm。

3.4.4 小结

(1)设置灌浆口后，试件开口及其附近位置明显产生应力集中现象，成为关键破坏部位，试件灌浆口率先压扁进而整体侧倾、失稳破坏。在含钢量相同的情况下，进行三种不同方式的补强试验，极限承载力均较 SQCC 开口试件有所提高，可达到较好的补强效果。

(2)ASS 试件灌浆口及其附近位置强度得到大幅提高，关键破坏位置出现在侧弯钢板上下两侧。试件应力集中程度明显降低，极限承载力比开口试件提高45.6%，补强效果最好。

(3)APS 试件极限承载力比开口试件提高 27.5%。灌浆口及其附近位置依然是关键破坏部位，属于应力集中区，试件率先从灌浆口开始破坏。

(4)PPS 试件应力集中区向灌浆口背侧及补强钢板上下两侧转移，应力集中最大位置位于钢板上下两侧，试件极限承载力比开口试件提高 31.5%。

(5)在含钢量相同的前提下，综合考虑三种补强效果，ASS 试件极限承载力提高最大，应力集中程度降低最明显，补强效果最好，因此初步选定 ASS 试件方案进行分析。

(6)ASS 试件补强效果受侧弯钢板长度影响较大。侧弯钢板长度为 240mm 时，钢管截面压应力分布差异较小，灌浆口周围应力集中程度低，性价比最高。

(7)ASS 试件补强效果受侧弯钢板厚度影响较小。侧弯钢板厚度为 8mm 时，试件极限承载力足够，性价比最高。

(8)综合对比分析，针对 SQCC150×8 试件最终选择补强方案为侧弯钢板 ASS240-8，尺寸为 L32×240×8。补强后试件极限承载力达到 2729.12kN，相比开口试件提高 42.8%，可达到理想的补强效果。

3.5 本章小结

(1)约束混凝土在轴压作用下，呈现出"线弹性上升—弹塑性缓慢上升—塑性稳定"三个阶段，与 U 型钢、工字钢、H 型钢构件相比，具有强度高和后期承载力好的优点。

(2) 系统开展了约束混凝土、型钢和劲性混凝土构件的纯弯及偏压试验，得到了约束混凝土压弯强度承载判据，与传统型钢构件相比，约束混凝土具有更好的抗弯性能。

(3) 系统研究了约束混凝土构件留设灌浆口的关键部位补强机制，提出了侧弯钢板、开孔钢板和周边钢板三种补强方案，得到了不同类型补强方案的合理优化方法。

第4章 约束混凝土拱架承载特性理论研究

本章建立地下工程常见断面形状(圆形和三心圆)约束混凝土拱架的"任意节数、非等刚度"力学分析模型,推导拱架内力计算公式,分析不同因素对拱架内力的影响规律,结合压弯强度承载判据,得到约束混凝土拱架承载能力计算方法。

4.1 符 号 说 明

A_c	混凝土截面面积
A_n	型钢构件净截面面积
A_s	钢管横截面面积
A_{sc}	约束混凝土横截面面积,$A_{sc}=A_s+A_c$
B	方钢管横截面外边长
EI	抗弯刚度
EI'	节点等效刚度
F_b	拱架强度承载力
f_{ck}	混凝土轴心抗压强度标准值
f_{scy}	约束混凝土轴心受压强度指标
f_y	钢材的屈服强度
M	截面弯矩
M_u	约束混凝土纯弯强度承载力
N	截面轴力
N_u	约束混凝土轴心受压柱的强度承载力
P	拱架内力,包括弯矩 M 和轴力 N
R_1	拱架第一圆弧段半径
R_2	拱架第二圆弧段半径
R_3	拱架第三圆弧段半径

R_4	拱架仰拱半径
R	拱架中心线半径
t	约束混凝土钢管壁厚度
t_1	型钢腹板厚度
t_2	型钢翼缘厚度
W_n	型钢构件抗弯模量
W_{scm}	约束混凝土构件抗弯模量
α	节点定位角
β_1	拱架第一弧度角度
β_2	拱架第二弧度角度
β_3	拱架第三弧度角度
γ_m	型钢构件塑性发展系数
λ	拱架侧压力系数
μ	节点有效抗弯刚度比
φ	拱架截面位置
Φ	截面破坏位置
ξ	约束效应系数，$\xi = A_s f_y / A_c f_{ck}$

4.2　拱架力学分析模型

4.2.1　研究对象

本章以地下工程支护中常用的圆形拱架(图 4.1)和三心圆拱架(图 4.2)为例进行研究。

图 4.1　约束混凝土圆形拱架

图 4.2　约束混凝土三心圆拱架

4.2.2　基本计算理论

地下工程主要的拱架结构计算方法有弹性地基梁法、荷载结构法和地层结构法。

弹性地基梁法考虑围岩和支护的相互作用，假定围岩对支护的抗力与支护面向围岩的位移成正比，用弹簧来模拟这种关系，但此模型依赖于准确的弹性系数，而现场准确确定此系数比较困难。此外研究表明围岩抗力与支护位移为非线性关系，所以此方法存在理论和实际使用上的局限性。地层结构法利用连续介质力学的原理，将围岩和支护看作一个受力变形的整体，而围岩的材料属性可以设为弹性、弹塑性、黏弹塑性等。地层结构法能够很好考虑围岩和支护的相互作用，但计算过程比较复杂，且不能考虑围岩压力的释放量，具有一定的局限性。

荷载结构法将地层对支护的作用等效为荷载施加在拱架上，然后利用结构力学的方法来计算拱架的内力和变形，荷载主要有松弛压力和形变压力，其中形变压力主要为围岩与支护的互相作用压力。研究地下工程围岩的外荷载模型是岩土工程最热门的课题之一，随着现场量测技术、模型试验技术和反分析预测技术的发展，外荷载模型的研究取得了长足的发展。荷载结构法概念清晰，方法简单，易于操作，是这几种模型中最为成熟和广泛应用的模型，也是中国《公路隧道设计规范》规定使用的方法。

本章所采用的方法为荷载结构法，松弛压力和形变压力都等效为线荷载加载到拱架结构上，然后按照结构力学的方法来计算拱架的内力和位移。

4.2.3　计算模型

结构简化：拱架简化为一条曲线，刚度为 EI。以三心圆拱架为例，圆心分别用 O_1、O_2、O_3 表示，下端支座为 A 点，上端支座为 B 点，以 O_1B 为起始零刻度，逆时针角度旋转为正，其中三心圆拱架第一段、第二段和第三段圆弧对应的圆心角分别为 β_1、β_2 和 β_3，半径分别为 R_1、R_2 和 R_3。

支座简化：圆形和三心圆拱架顶部 B 点可以上下移动，不能左右移动和转动，所以将 B 点支座设置为竖向滑动支座，为保持 A 点支座与底拱的变形相近且保持模型的可计算性，将 A 点支座设置为固定端支座。

节点简化：由于节点受力和变形的复杂性，本研究方案中利用等效刚度的原理，将节点影响区域用等效的截面杆体来代替，刚度 EI'，假设 $EI'_1 = EI'_2 = \cdots = EI'_n = EI$，节点有效抗弯刚度比 $\mu = EI'/EI$。在大断面隧道工程中，由于受到尺寸限制，拱架往往分成很多节段，本章建立了基于"任意节数、非等刚度"的拱架力学分析模型。

荷载简化：地层压力是最主要的荷载形式，而地层压力又包括松弛压力和形变压力，将两压力按照等效原理简化为线荷载作用在拱架的上下和左右两侧，其中左侧荷载为 q_1，上部荷载和下部荷载分别为 q_2、q_3，侧压力系数 $\lambda = q_1/q_2$。

通过简化，研究的拱架力学分析模型如图 4.3 所示。在下述分析过程中，轴力以沿拱轴线受压为负，受拉为正；弯矩以拱架内侧受拉为正，外侧受拉为负；荷载、反力以图示箭头指向为正。

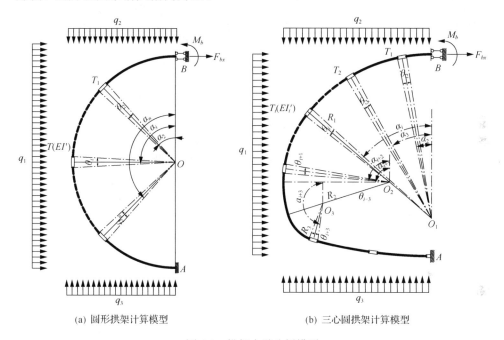

(a) 圆形拱架计算模型　　　　　　　(b) 三心圆拱架计算模型

图 4.3　拱架力学分析模型

4.3　拱架内力计算

4.3.1　圆形拱架内力计算

1. 理论分析

圆形拱架力学分析模型如图 4.4 所示。T_i 表示由上向下第 i 个节点，其位置用 α_i（节点中心截面位置）表示。

由图 4.4 分析可知：圆形拱架为二次超静定结构，可用"力法"求解，解除顶拱 B 点的支座约束，代以多余未知力 X_1 和 X_2，其中 X_1 代表 B 点水平支座反力 F_{bx}，X_2 代表 B 点的约束弯矩 M_b，其力法基本结构如图 4.5 所示。

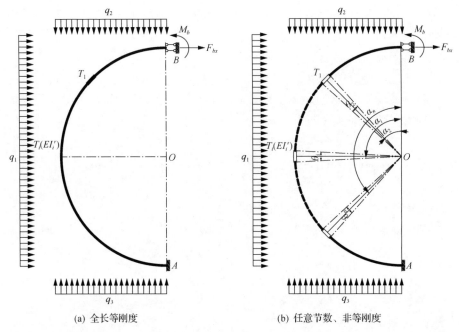

(a) 全长等刚度　　　　　　　　(b) 任意节数、非等刚度

图 4.4　圆形拱架力学分析模型

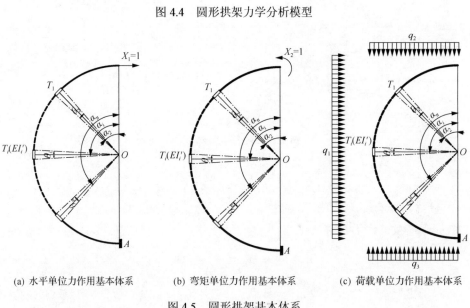

(a) 水平单位力作用基本体系　　(b) 弯矩单位力作用基本体系　　(c) 荷载单位力作用基本体系

图 4.5　圆形拱架基本体系

　　符号约定：下述力学计算及分析中，轴力以构件受压为正；弯矩以使构件上表面或外表面受压为正；荷载、反力以图中箭头所指方向为正。

　　力法方程为

$$\delta_{11}X_1 + \delta_{12}X_2 + \Delta_{1P} = 0$$
$$\delta_{21}X_1 + \delta_{22}X_2 + \Delta_{2P} = 0$$

式中，δ_{ij} 表示 j 元素以单位力 1 单独作用基本结构上，在 i 点产生的广义位移，Δ_{P} 表示外荷载单独作用基本结构上，在 i 点产生的广义位移。

根据虚功原理，可求得

$$
\begin{aligned}
\delta_{11} &= \int \frac{\overline{M_1 M_1}}{EI}\mathrm{d}s + \int \frac{\overline{F_1 F_1}}{EA}\mathrm{d}s \\
&= \int_{\alpha_1-\theta_1/2}^{\alpha_1+\theta_1/2} \frac{\overline{M_1 M_1}}{EI'}R\mathrm{d}\varphi + \int_{\alpha_1+\theta_1/2}^{\alpha_2-\theta_2/2} \frac{\overline{M_1 M_1}}{EI}R\mathrm{d}\varphi + \cdots + \int_{\alpha_i-\theta_i/2}^{\alpha_i+\theta_i/2} \frac{\overline{M_1 M_1}}{EI'}R\mathrm{d}\varphi \\
&\quad + \int_{\alpha_i+\theta_i/2}^{\alpha_{i+1}-\theta_{i+1}/2} \frac{\overline{M_1 M_1}}{EI}R\mathrm{d}\varphi + \cdots \int_{\alpha_{n-1}+\theta_{n-1}/2}^{\alpha_n-\theta_n/2} \frac{\overline{M_1 M_1}}{EI}R\mathrm{d}\varphi + \int_{\alpha_n-\theta_n/2}^{\alpha_n+\theta_n/2} \frac{\overline{M_1 M_1}}{EI'}R\mathrm{d}\varphi \\
&\quad + \int_{\alpha_1-\theta_1/2}^{\alpha_1+\theta_1/2} \frac{\overline{F_1 F_1}}{EA'}R\mathrm{d}\varphi + \int_{\alpha_1+\theta_1/2}^{\alpha_2-\theta_2/2} \frac{\overline{F_1 F_1}}{EA}R\mathrm{d}\varphi + \cdots + \int_{\alpha_i-\theta_i/2}^{\alpha_i+\theta_i/2} \frac{\overline{F_1 F_1}}{EA'}R\mathrm{d}\varphi \\
&\quad + \int_{\alpha_i+\theta_i/2}^{\alpha_{i+1}-\theta_{i+1}/2} \frac{\overline{F_1 F_1}}{EA}R\mathrm{d}\varphi + \cdots + \int_{\alpha_{n-1}+\theta_{n-1}/2}^{\alpha_n-\theta_n/2} \frac{\overline{F_1 F_1}}{EA}R\mathrm{d}\varphi + \int_{\alpha_n-\theta_n/2}^{\alpha_n+\theta_n/2} \frac{\overline{F_1 F_1}}{EA'}R\mathrm{d}\varphi \\
&= \sum_1^n \left(\int_{\alpha_i-\theta_i/2}^{\alpha_i+\theta_i/2} \frac{\overline{M_1 M_1}}{EI'_i}R\mathrm{d}\varphi + \int_{\alpha_i+\theta_i/2}^{\alpha_{i+1}-\theta_{i+1}/2} \frac{\overline{M_1 M_1}}{EI}R\mathrm{d}\varphi \right) \\
&\quad + \sum_1^n \left(\int_{\alpha_i-\theta_i/2}^{\alpha_i+\theta_i/2} \frac{\overline{F_1 F_1}}{EA'}R\mathrm{d}\varphi + \int_{\alpha_i+\theta_i/2}^{\alpha_{i+1}-\theta_{i+1}/2} \frac{\overline{F_1 F_1}}{EA}R\mathrm{d}\varphi \right)
\end{aligned}
$$

式中，$\overline{M_j}$ 和 $\overline{F_j}$ 为 j 因素以单位力 1 单独作用基本结构上截面的弯矩和轴力。在进行 δ_{11} 的计算时，考虑了轴力对 i 点广义位移的贡献作用，使计算更为精确。同理可得 δ_{22}、δ_{12}、Δ_{1P}、Δ_{2P}。

令 $\alpha_1 - \theta_1/2 = 0$，$\alpha_n + \theta_n/2 = \pi$，可求得多余未知力 X_1 和 X_2，然后根据

$$M = \overline{M}_1 X_1 + \overline{M}_2 X_2 + M_P$$
$$F = \overline{F}_1 X_1 + \overline{F}_2 X_2 + F_P$$

求得圆形拱架任意截面的弯矩和轴力。

2. 算例分析

算例 1：取圆形拱架 $R=9.7$m，在 10°、30°、50°、82°、164°、171° 和 180° 有节点，节点有效长度为 0.6m，$\mu=EI'/EI=1.5$，左侧荷载 $q_1=25$kN/m，$q_2=q_3=50$kN/m，即初始值侧压力系数 $\lambda=q_2/q_1=0.5$。根据计算结果绘制如图 4.6 所示的拱架内力图，

左侧为轴力图(kN)，右侧为弯矩(kN·m)图。

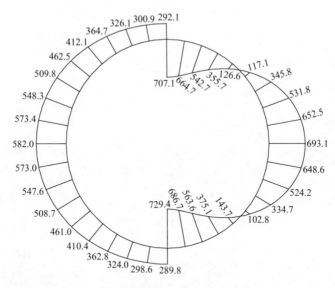

图 4.6　圆形拱架内力计算结果

由图 4.6 分析可知：在此荷载下顶拱和底拱部位产生正弯矩，即拱架内侧受拉，90° 位置承受负弯矩，即外侧受拉，承受的轴力都是压力，内力图具有明显的对称性。

3. 拱架受力规律

采用算例 1 圆形拱架基本参数，研究各因素变化对拱架内力的影响规律。

1) 荷载 q_1 对拱架内力的影响

根据上述算例的数据，令 $\lambda=0.5$，$\mu=1.5$ 保持不变，改变左侧荷载 q_1，绘制 $M\text{-}q_1$、$N\text{-}q_1$、$M\text{-}\varphi$ 和 $N\text{-}\varphi$ 关系曲线，研究荷载变化对拱架内力的影响规律，如图 4.7 所示。

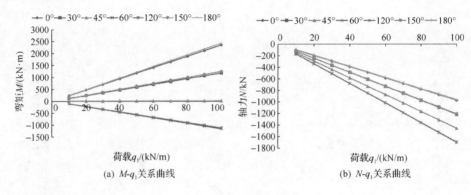

(a) $M\text{-}q_1$ 关系曲线　　　　　　　　(b) $N\text{-}q_1$ 关系曲线

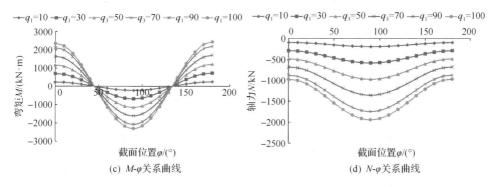

(c) $M\text{-}\varphi$ 关系曲线 　　　　(d) $N\text{-}\varphi$ 关系曲线

图 4.7　内力 $P\text{-}q_1$ 与 $P\text{-}\varphi$ 关系曲线

由图 4.7 分析可知，改变荷载 q_1 对截面内力产生以下规律。

(1) 拱架顶拱和底拱部位内侧受拉，拱架 90° 位置外侧受拉，拱架轴力为压力；

(2) 截面内力与荷载 q_1 呈线性正相关，荷载变化对各截面内力的增长速率影响不同，由图 4.7(a)、(c) 分析可知，90° 和 180° 附近位置的弯矩增长速率较大，由图 4.7(b)、(d) 分析可知，90° 附近位置的轴力增长速率较大；

(3) 由图 4.7(c) 分析可知：拱架弯矩在 40° 附近发生正负号的变化，在 170° 附近正负号再次改变；

(4) 180° 位置弯矩出现最大值，95° 附近弯矩也较大，而轴力的最大值出现在 90° 附近。

2) 侧压力系数 λ 对拱架内力的影响

根据上述算例，令 $\mu=1.5$，$q_2=50\text{kN/m}$ 保持不变，改变侧压力系数 λ，绘制 $M\text{-}\lambda$、$N\text{-}\lambda$、$M\text{-}\varphi$ 和 $N\text{-}\varphi$ 关系曲线，研究侧压力系数变化对拱架内力的影响规律，如图 4.8 所示。

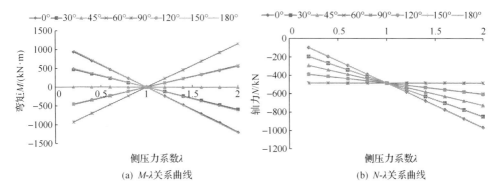

(a) $M\text{-}\lambda$ 关系曲线 　　　　(b) $N\text{-}\lambda$ 关系曲线

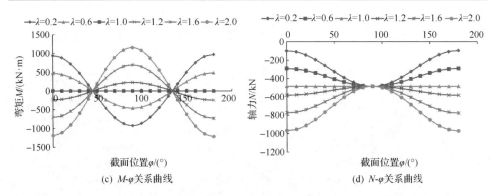

(c) M-φ关系曲线　　　　　　　　(d) N-φ关系曲线

图 4.8　内力 P-λ 与 P-φ 关系曲线

由图 4.8 分析可知，改变侧压力系数会对截面内力产生以下规律：

(1)侧压力系数 $\lambda=1$ 时，拱架截面无弯矩存在；

(2)当侧压力系数 $\lambda<1$ 时，拱顶和拱底内侧受拉，90°位置外侧受拉，且 λ 越小，拱顶和拱底的弯矩值和轴力值越小，90°位置的弯矩值和轴力值越大；

(3)当侧压力系数 $\lambda>1$ 时，拱顶和拱底外侧受拉，90°位置内侧受拉，且 λ 越大，拱顶和拱底的弯矩值和轴力值越大，90°位置的弯矩值和轴力值越小；

(4)拱架轴力总为压力，拱架各截面弯矩和轴力与侧压力系数 λ 呈现线性相关关系。

3)节点刚度比 μ 对拱架内力的影响

根据上述算例，令 $\lambda=0.5$，$q_2 = 50\text{kN/m}$ 保持不变，改变节点刚度比，绘制 M-μ 和 N-μ 关系曲线，并将 0°曲线进行提取放大，研究节点刚度比变化对拱架内力的影响规律。

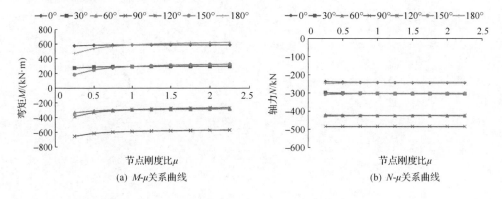

(a) M-μ关系曲线　　　　　　　　(b) N-μ关系曲线

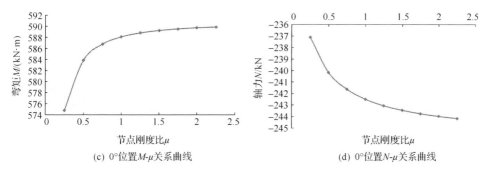

(c) 0°位置 M-μ 关系曲线   (d) 0°位置 N-μ 关系曲线

图 4.9 内力 P-μ 与 0° 位置 P-μ 关系曲线

由图 4.9 分析可知，改变节点刚度比 μ 会对截面内力产生以下规律：

(1)节点刚度比 μ 会对各截面内力分布规律产生影响，其中对弯矩的影响更为显著；

(2)节点刚度比在同一数量级的范围内变化，不会对拱架截面内力产生根本性的改变；

(3)随着 μ 的增大，拱架内侧受拉的部位弯矩逐渐增大，外侧受拉的部位弯矩逐渐减小；

(4)以 90°截面为界，截面角度小于 90°时，轴力随着 μ 的增大而减少，反之增大，90°截面不发生变化，但总体上变化范围不大。

4)拱架刚度 EI 对拱架内力影响

根据上述算例，令 λ=0.5， q_2 =50kN/m， μ=1.5 保持不变，改变拱架抗弯刚度，绘制 M-EI 和 N-EI 关系曲线，研究拱架刚度变化下对拱架内力的影响规律，如图 4.10 所示。

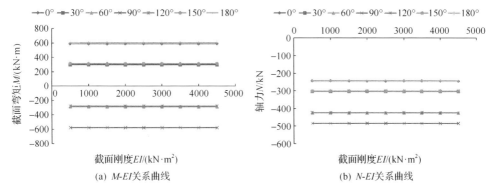

(a) M-EI关系曲线   (b) N-EI关系曲线

图 4.10 内力 P-EI 关系曲线

由图 4.10 分析可知：增大拱架的抗弯刚度 EI 对拱架内力分布规律基本无影响。

5）节点定位角 α 对拱架内力的影响

根据上述算例，令 λ=0.5，q_2=50kN/m，μ=1.5 保持不变，将 10°、50°、171°处的节点去掉，保持 30°和 82°节点相对位置不变，来研究当 30°节点从 0°变化到 30°位置过程中拱架内力的变化规律。绘制节点定位角变化下 M-α 和 N-α 关系曲线，并将 0°曲线进行提取放大。

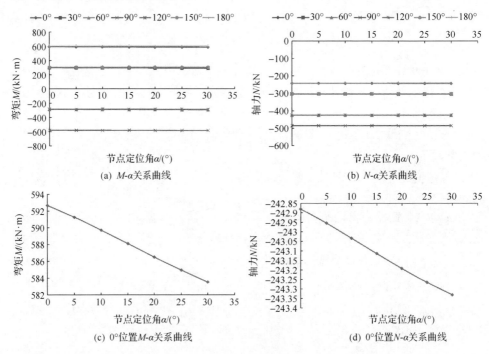

图 4.11　内力 P-α 和 0°位置 P-α 关系曲线

由图 4.11 分析可知，改变节点定位角对拱架内力的影响规律如下：

（1）节点定位角对拱架弯矩的影响程度大于对轴力的影响程度，其对轴力的影响微弱；

（2）从整体看，节点定位角对弯矩的影响率在 10%以下，且大部分在 1%左右；

（3）节点定位角变化的实质是非等刚度节点位置的变化对拱架内力的影响，截面弯矩随节点定位角的变化会发生相应的转移。

6）小结

各因素对圆形拱架内力影响规律统计表如表 4.1 所示。

表 4.1　各因素对圆形拱架内力影响规律统计表

	荷载 q_1	侧压力系数 λ	套管节点刚度比 μ	构件刚度 EI	节点定位角 α
弯矩 M 有正有负 上下、左右 对称	线性正相关，对 180° 和 0° 位置影响最大，对 45° 和 135° 无影响	线性相关；$\lambda=1$ 时无影响；对 45° 和 135° 无影响；对 90° 位置影响最大，影响作用以 90° 为中心呈对称性质(如 60° 和 120°)	微弱正相关	无影响	基本无影响
轴力 N 全部为负 上下、左右 对称	线性正相关，90° 为极值点，离 90° 越远影响作用越小	线性正相关；90° 位置无影响，与 90° 距离越远，影响作用越明显，且对称(如 60° 与 120°)	微弱负相关	无影响	基本无影响
内力图 上下、左右 对称	只影响内力大小，不影响内力图形态	对内力值、内力图形态影响很大	基本无影响	无影响	基本无影响
特殊角度	45° 和 135° 附近存在零弯矩点	35° 和 150° 处存在等弯矩点，90° 存在等轴力点			

通过分析可以总结各因素对圆形拱架内力的主要影响规律：

(1)荷载和侧压力系数对内力影响显著，节点刚度比和节点定位角对内力影响较小，抗弯刚度对内力无影响；

(2)荷载的改变对弯矩在 0° 和 180° 位置影响较大，对 45° 和 135° 位置无任何影响且在此附近存在零弯矩点；

(3)荷载的改变对轴力在 90° 位置影响显著且为极值点；

(4)当侧压力系数为 1 时，圆形拱架各截面无弯矩，只有轴力；

(5)侧压力系数的改变对 45° 和 135° 无影响且弯矩为 0，对 90° 位置影响最大。

4.3.2　三心圆拱架内力计算

1. 理论分析

图 4.12 为三心圆拱架力学分析模型。

由图 4.12 分析可知：三心圆拱架为二次超静定结构，与圆形拱架内力计算方法类似，同样采用"力法"求解三心圆拱架任意截面的弯矩和轴力。

2. 算例分析

算例 2：取三心圆拱架 R_1=10.53m，R_2=7m，R_3=2.4m，R_4=28.17m，β_1=50°、β_2=57°、β_3=57°、β_{14}=16°，在 10°、30°、50°、82°、164°、171° 和 180°，节点有效长度为 0.6m，选用左侧荷载 q_1=25kN/m，q_2=50kN/m，q_3=50kN/m。根据计算结果绘制如图 4.13 所示的拱架内力图，左侧为轴力图(kN)，右侧为弯矩(kN·m)图。

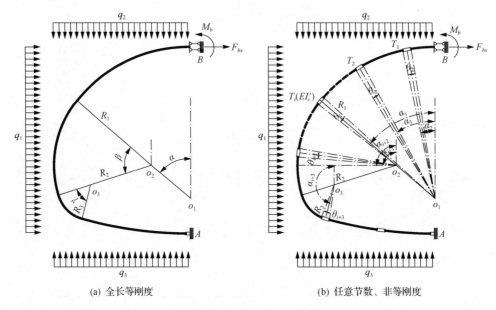

(a) 全长等刚度　　　　　　　　(b) 任意节数、非等刚度

图 4.12　三心圆拱架力学分析模型

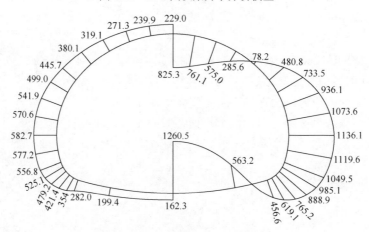

图 4.13　三心圆拱架内力计算结果

由图 4.13 分析可知：在此荷载下顶拱和底拱部位产生正弯矩，即拱架内侧受拉，90°位置承受负弯矩，即外侧受拉，承受的轴力都为压力，与实际工程中拱架的受力规律相一致。

3. 内力计算及影响因素分析

根据算例 2 三心圆拱架基本参数，研究各因素变化对三心圆拱架的影响规律。

1) 荷载 q_1 对拱架内力的影响

根据上述算例，令 $\lambda=0.5$，$\mu=1.5$ 保持不变，改变左侧荷载 q_1，绘制 $M\text{-}q_1$、$N\text{-}q_1$、$M\text{-}\varphi$ 和 $N\text{-}\varphi$ 关系曲线，研究荷载变化对拱架内力的影响规律，如图 4.14 所示。

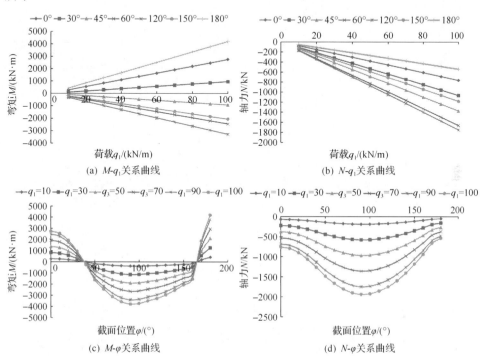

图 4.14 内力 $P\text{-}q_1$ 与 $P\text{-}\varphi$ 关系曲线

由图 4.14 分析可知，改变荷载 q_1 会对截面内力产生以下规律：

(1) 随着荷载 q_1 的增大，截面内力线性增大，同一截面增长率基本相等，荷载 q_1 变化对各截面内力的增长速率影响不同，由图 4.14(a)、(c) 分析可知，90° 和 180° 附近弯矩增长速率比较大，由图 4.14(b)、(d) 分析可知，120° 和 60° 附近轴力增长速率较大；

(2) 其他因素保持不变，荷载增大与拱架内力呈线性变化关系；

(3) 180° 位置弯矩出现最大值，95° 附近弯矩也较大，而轴力的最大值出现在 90° 附近。

2) 侧压力系数 λ 对拱架内力的影响

根据上述算例，令 $\mu=1.5$，$q_2=10\text{kN/m}$ 保持不变，改变侧压力系数 λ，绘制 $M\text{-}\lambda$、$N\text{-}\lambda$、$M\text{-}\varphi$ 和 $N\text{-}\varphi$ 关系曲线，研究侧压力系数变化对拱架内力的影响规律，如图 4.15 所示。

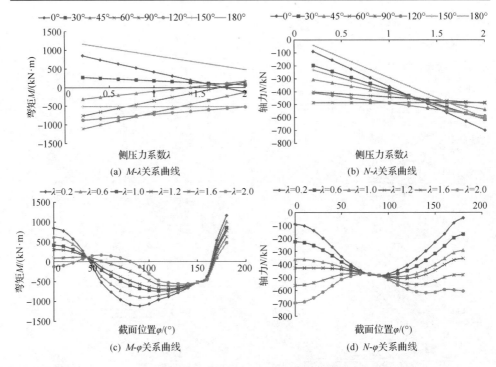

图 4.15　内力 P-λ 与 P-φ 关系曲线

由图 4.15 分析可知，改变侧压力系数 λ 会对截面内力产生以下规律：

(1)拱架各截面弯矩和轴力与侧压力系数 λ 呈现线性相关关系。

(2)侧压力系数 λ 越小，拱顶越倾向于内侧受拉，90°位置越倾向于外侧受拉，而无论侧压力系数 λ 取值多少，拱底都是内侧受拉；

(3)保持上部荷载不变，侧压力系数 $\lambda<1$ 时，随着左侧荷载 q_1 的增大，整体所受弯矩反而越小，这是由于左侧荷载的增大使得 90°位置变形变小；

(4)侧压力系数增大到一定值时，顶部承受负弯矩，70°附近承受正弯矩，即顶部外侧受拉，70°附近内侧受拉；

(5)在已有的侧压力系数变化范围内，拱架轴力总为压力，侧压力系数 $\lambda<1$ 时，λ 越接近 0，拱顶和拱底承受的轴力越小，90°位置承受的轴力越大；$\lambda>1$ 时，λ 距离 1 越远，90°位置承受的荷载越小，拱顶和拱底承受的轴力越大，这和整体力的平衡状态相一致。

3)节点刚度比 μ 对拱架内力的影响

根据上述算例，令 $\lambda=0.5$，$q_2=50\text{kN/m}$ 保持不变，改变节点刚度比 μ，绘制 M-μ 和 N-μ 关系曲线，并将 0°曲线进行提取放大，研究节点刚度比变化对拱架内力的影响规律，如图 4.16 所示。

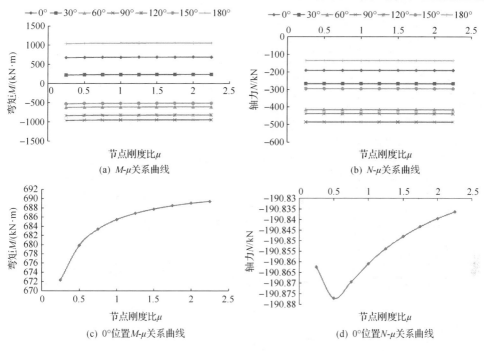

图 4.16　内力 P-μ 关系曲线

由图 4.16 分析可知，变化节点刚度比 μ 会对截面内力产生以下规律：

(1)节点刚度比 μ 会对各截面内力分布规律产生影响，对弯矩的影响更为显著；

(2)节点刚度比 μ 在同一数量级范围内变化，不会对拱架截面内力产生根本性的改变；

(3)随着 μ 的增大，拱架内侧受拉部位弯矩逐渐增大，外侧受拉部位弯矩逐渐减小。

4)拱架刚度 EI 对拱架内力的影响

根据上述算例，令 λ=0.5，q_2=50kN/m，μ=1.5 保持不变，改变拱架刚度 EI，绘制 M-EI 和 N-EI 关系曲线，研究拱架刚度变化下对拱架内力的影响规律，如图 4.17 所示。

由图 4.17 分析可知：保持其他条件不变的情况下，改变拱架的抗弯刚度 EI 对拱架内力分布规律影响不明显。

5)节点定位角 α 对拱架内力的影响

根据上述算例，令 λ=0.5，q_2=50kN/m，μ=1.5 保持不变，将 10°、50°、171° 处的节点去掉，保持 30°和 82°节点相对位置不变，研究 30°节点从 0°变化到 30° 位置过程中拱架内力的变化规律。绘制节点定位角变化下 M-α 和 N-α 关系曲线，并将 0°曲线进行提取放大，如图 4.18 所示。

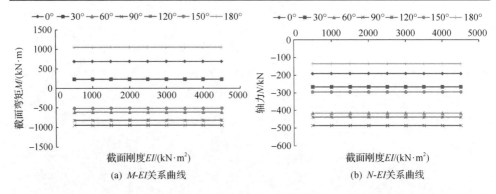

图 4.17　内力 P-EI 关系曲线

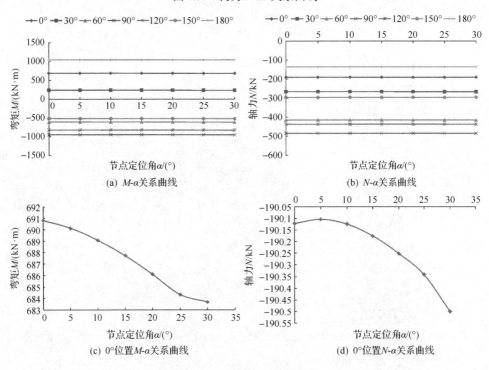

图 4.18　内力 P-α 关系曲线

由图 4.18 分析可知，节点定位角的变化对拱架内力的影响规律如下：

（1）节点定位角对拱架弯矩的影响程度大于对轴力的影响程度，其对轴力的影响微弱；

（2）从整体看，节点定位角对弯矩的影响差异率在 10%以下，而且大部分在 1%左右；

（3）节点定位角变化的实质是非等刚度节点的位置变化对拱架内力的影响。

6) 小结

各因素对三心圆拱架内力影响规律统计表如表 4.2 所示。

表 4.2　各因素对三心圆拱架内力影响规律统计表

	荷载 q_1	侧压力系数 λ	套管节点刚度比 μ	构件刚度 EI	节点定位角 α
弯矩 M 有正有负 左右对称	线性正相关，180° 存在极值点	随侧压力系数呈线性变化	微弱正相关	无影响	基本无影响
轴力 N 全部为负 左右对称	线性正相关，90° 存在极值点	线性正相关； 越靠近拱顶、拱底影响越明显，90° 截面轴力值不变	微弱正相关	无影响	基本无影响
内力图	只影响内力大小，不影响内力图形态	对内力值、内力图形态影响很大	基本无影响	无影响	基本无影响
特殊角度	40° 和 165° 附近存在等弯矩点	35° 和 150° 处存在等弯矩点，90° 存在等轴力点			

通过分析可以总结各因素对三心圆拱架内力的主要影响规律：

(1) 荷载和侧压力系数对拱架内力影响显著，节点刚度比和节点定位角对内力影响较小，抗弯刚度对内力无影响；

(2) 荷载线性增大，拱架内力也同步呈线性改变；

(3) 随着侧压力系数的改变，90° 截面处轴力基本保持稳定，0° 和 180° 轴力变化速率最大，90° 至始、末两端的变化速率依次递减；

(4) 随着侧压力系数的改变，35° 和 150° 截面附近存在等弯矩点。

4.4　拱架强度承载力分析

强度破坏是地下工程拱架重要的破坏形式，掌握拱架强度承载力规律，分析拱架破坏位置，对地下工程支护的研究和实践具有重要的意义。

由拱架内力计算结果可以看出，拱架受力主要处于压弯状态。基于压弯强度承载判据，结合内力计算公式，编制拱架承载力计算程序，计算不同侧压力系数下方钢约束混凝土和型钢拱架的承载能力和破坏位置，并对其进行对比分析。

4.4.1　方钢约束混凝土和型钢构件的压弯极限承载力

1. 方钢约束混凝土构件

约束混凝土构件在平面内承受轴力和弯矩荷载共同作用时，其压弯强度承载判据[132]如下。

当 $\dfrac{N}{N_u} \geqslant 2\eta_0$ 时，

$$\frac{N}{N_\mathrm{u}} + \frac{a \cdot \beta_\mathrm{m} \cdot M}{M_\mathrm{u}} \leqslant 1$$

当 $\dfrac{N}{N_\mathrm{u}} \leqslant 2\eta_0$ 时，

$$-\frac{b \cdot N^2}{N_\mathrm{u}^2} - \frac{c \cdot N}{N_\mathrm{u}} + \frac{\beta_\mathrm{m} \cdot M}{M_\mathrm{u}} \leqslant 1$$

式中，$a = 1 - 2 \cdot \eta_0$，$b = \dfrac{1 - \zeta_0}{\eta_0^2}$，$c = \dfrac{2 \cdot (\zeta_0 - 1)}{\eta_0}$，$M_\mathrm{u} = \gamma_\mathrm{m} \cdot W_\mathrm{scm} \cdot f_\mathrm{scy}$，$N_\mathrm{u} = A_\mathrm{sc} f_\mathrm{scy}$，$\beta_\mathrm{m}$ 为等效弯矩系数(取值为 1)。

其中方钢约束混凝土 $\zeta_0 = 1 + 0.14 \xi^{-1.3}$；$\xi = (A_\mathrm{s} \cdot f_\mathrm{y}) / (A_\mathrm{c} \cdot f_\mathrm{ck})$ 为约束效应系数，$\eta_0 = \begin{cases} 0.5 - 0.318 \times \xi & (\xi \leqslant 0.4) \\ 0.1 + 0.13 \times \xi^{-0.81} & (\xi < 0.4) \end{cases}$，$f_\mathrm{scy} = (1.18 + 0.85\xi) \cdot f_\mathrm{ck}$。

1) SQCC150×8-C40 构件压弯极限承载力

SQCC150×8-C40 构件参数为：外边长 B=150mm，壁厚 t=8mm，内填 C40 混凝土。将上述参数带入构件压弯强度承载判据中可得如下式所示的 SQCC150× 8-C40 构件压弯强度承载力计算公式：

$$\begin{cases} 1.225\left(\dfrac{N}{N_\mathrm{u}}\right)^2 - 0.3563\dfrac{N}{N_\mathrm{u}} + \dfrac{M}{M_\mathrm{u}} - 1 \leqslant 0 & n < 0.2908 \\[2mm] \dfrac{N}{N_\mathrm{u}} + 0.7091\dfrac{M}{M_\mathrm{u}} - 1 \leqslant 0, & n \geqslant 0.2908 \end{cases}$$

由此可绘制对应的压弯强度承载判据曲线，如图 4.19 所示。

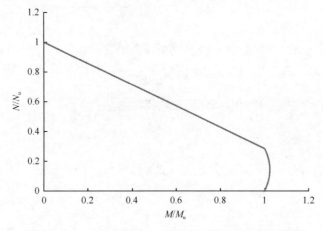

图 4.19　SQCC150×8-C40 构件压弯强度承载判据曲线

压弯强度承载判据曲线具体物理意义：根据荷载计算得到拱架的轴力 N 和弯矩 M，得到一系列 $\dfrac{M}{M_u}-\dfrac{N}{N_u}$ 值，分别以 $\dfrac{M}{M_u}$ 和 $\dfrac{N}{N_u}$ 为横、纵坐标在压弯强度承载判据曲线图中描点，若拱架任意截面的 $\dfrac{M}{M_u}$ 和 $\dfrac{N}{N_u}$ 坐标点落在所示曲线与坐标轴正向所包络区域之内，该截面强度可靠，不出现强度破坏问题，若出现在该区域之外，则会出现强度破坏。

2) SQCC180×10-C40 构件压弯极限承载力

SQCC180×10-C40 构件参数为：外边长 B=180mm，壁厚 t=10mm，内填 C40 混凝土。将上述参数带入构件压弯强度承载判据中可得如下式所示的 SQCC180×10-C40 构件压弯强度承载力计算公式：

$$\begin{cases} \dfrac{N}{N_u} + 0.7162\dfrac{M}{M_u} \leqslant 1 & \left(\dfrac{N}{N_u} \geqslant 0.2838\right) \\ 1.1274\dfrac{N^2}{N_u^2} - 0.3199\dfrac{N}{N_u} + \dfrac{M}{M_u} \leqslant 1 & \left(\dfrac{N}{N_u} < 0.2838\right) \end{cases}$$

由此可绘制对应的压弯强度承载判据曲线，如图 4.20 所示。

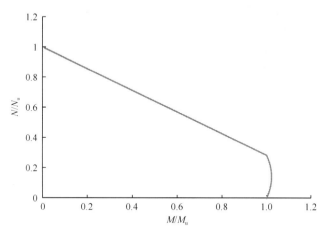

图 4.20　SQCC180×10-C40 构件压弯强度承载判据曲线

SQCC180×10 构件压弯强度承载判据曲线具体物理意义与上述 SQCC150×8 一致。

2. 型钢构件

根据《钢结构设计规范》（GB 50017—2017），当型钢构件在平面内承受轴力

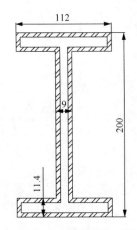

图 4.21 I22b 截面形式及尺寸

和弯矩共同作用时，其压弯强度承载判据为

$$\frac{N}{A_n f_y} \pm \frac{M}{\gamma_m W_n f_y} \leqslant 1，即 \frac{N}{N_u} \pm \frac{M}{\gamma_m M_u} \leqslant 1$$

1）I22b 构件压弯极限承载力

I22b 构件参数为：宽度 $B=112$mm，高度 $H=200$mm，腹板厚度 $t_1=9$mm，翼缘厚度 $t_2=11.4$mm，截面形式如图 4.21 所示。

其中 $A_n = 46.528 \times 10^{-4}$ m^2，$f = 235$ MPa，$W_n = 325 \times 10^{-6}$ m^3，$\gamma_m = 1.05$。将上述参数带入型钢构件压弯强度承载判据中可得如下式所示的 I22b 构件压弯强度承载力计算公式：

$$\frac{N}{N_u} + \frac{M}{1.05 \times M_u} \leqslant 1$$

绘制 I22b 对应的压弯强度承载判据曲线，如图 4.22 所示。

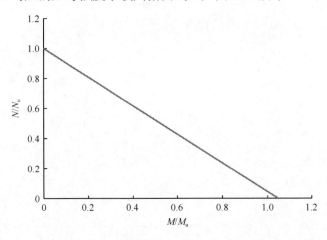

图 4.22 I22b 构件压弯强度承载判据曲线

其压弯强度承载判据曲线具体物理意义与上述约束混凝土构件相一致。

2）H200×200 构件压弯极限承载力

H200×200 型钢构件参数为：宽度 $B=200$mm，高度 $H=200$mm，腹板厚度 $t_1=8$mm，翼缘厚度 $t_2=12$mm，截面形式如图 4.23 所示。

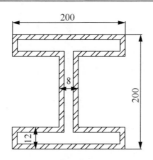

图 4.23　H200×200 型钢截面形式及尺寸

其中 $A_n = 64.28 \times 10^{-4}\,\mathrm{m}^2$，$f = 235\,\mathrm{MPa}$，$W_n = 477 \times 10^{-6}\,\mathrm{m}^3$，$\gamma_m = 1.05$。将上述参数带入型钢构件压弯强度承载判据中可得如下式所示的 H200×200 构件压弯强度承载力计算公式：

$$\frac{N}{N_u} + \frac{M}{1.05 \times M_u} \leqslant 1$$

绘制 H200×200 构件压弯强度承载判据曲线，如图 4.24 所示。

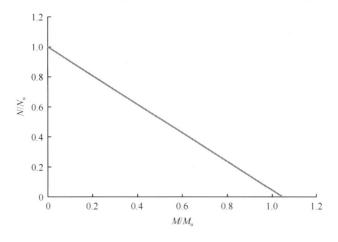

图 4.24　H200×200 型钢构件压弯强度承载判据曲线

其压弯强度承载判据曲线具体物理意义与上述约束混凝土构件相一致。

4.4.2　圆形和三心圆拱架不同截面形式承载力对比分析

1. 圆形拱架

1）SQCC150×8 与 I22b 拱架强度承载力分析对比

（1）不同侧压力系数下 SQCC150×8 拱架承载力。

采用算例 1 中的圆形拱架几何参数，构件采用 SQCC150×8。图 4.25 为方钢约束混凝构件承载力 F_b 和破坏位置 Φ 随侧压力系数 λ 变化规律。

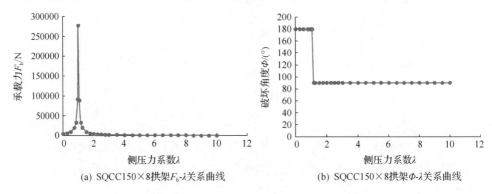

(a) SQCC150×8 拱架 F_b-λ 关系曲线　　(b) SQCC150×8 拱架 Φ-λ 关系曲线

图 4.25　SQCC150×8 拱架 F_b-λ 与 Φ-λ 关系曲线

①侧压力系数变化对拱架承载力的影响规律：

a)侧压力系数对拱架承载力影响显著，随着侧压力系数增大，以 $\lambda=1$ 为分界点，拱架承载力先增大后减小，且变化幅度明显；

b)侧压力系数 λ 越接近 1，承载力越大，因其越接近 1，拱架承受的弯矩越接近于 0，轴力起控制作用；

c)$\lambda=1$ 时的承载力是 $\lambda=1.05$ 或者 0.95 时的 3 倍多，可见侧压力系数的微小改变也使承载力发生巨大的变化，也侧面说明 $\lambda=1$ 的承载力是理想状态下得出的，实际达到不了。

②侧压力系数变化对拱架破坏位置的影响规律：

a)圆形拱架的破坏位置只可能发生在拱顶、拱底和 90°位置，如果拱顶达到破坏状态，则拱底也会同时破坏，这与圆形拱架内力对称分布的规律相一致；

b)无论侧压力系数如何变化，拱顶、拱底和 90°位置都倾向于同时破坏，侧压力系数 $\lambda<1.05$ 时，拱顶和拱底破坏更快，$\lambda>1.05$ 时，90°位置破坏更快。

(2)不同侧压力系数下 I22b 拱架承载力。

构件采用 I22b 构件，计算侧压力系数变化下拱架的承载力 F_b 和破坏位置 Φ，如图 4.26 所示。

①侧压力系数变化对拱架承载力的影响规律：

a)侧压力系数对 I22b 拱架承载力的影响规律与 SQCC150×8 相似；

b)$\lambda=1$ 时的承载力是 $\lambda=1.05$ 或者 0.95 时的 2.6 倍多，可见侧压力系数的微小改变也使承载力发生巨大的变化；

c)极限承载力的最小值为侧压力系数 λ 无限大时(即拱架上部荷载远远小于两侧荷载)。

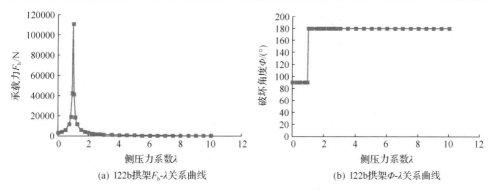

(a) I22b拱架 F_b-λ 关系曲线　　　　　　(b) I22b拱架 Φ-λ 关系曲线

图 4.26　I22b 拱架 F_b-λ 与 Φ-λ 关系曲线

②侧压力系数变化对拱架破坏位置的影响规律:

a)圆形拱架的破坏位置只可能发生在拱顶、拱底和 90°位置,拱顶如果达到破坏状态那么底部也会同时破坏,这与圆形拱架内力对称分布的规律相一致;

b)无论侧压力系数如何变化,拱顶、拱底和 90°位置都倾向于同时破坏,侧压力系数 λ<1 时,90°位置破坏更快,λ>1 时,拱顶、拱底破坏更快。

(3)SQCC150×8 和 I22b 拱架承载力对比。

SQCC150×8 和 I22b 截面含钢量相近,在此基础上对两种截面形式拱架的承载力 F_b 和破坏位置 Φ 进行对比分析,如图 4.27 所示。

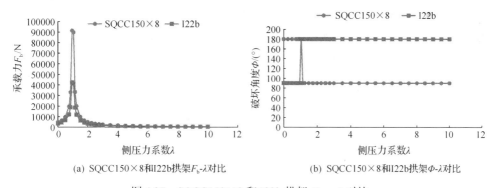

(a) SQCC150×8和I22b拱架F_b-λ对比　　　(b) SQCC150×8和I22b拱架Φ-λ对比

图 4.27　SQCC150×8 和 I22b 拱架 F_b、Φ 对比

由图 4.27 分析可知,侧压力系数变化对两者承载力 F_b 和破坏位置 Φ 的影响规律如下:

①SQCC150×8 拱架和 I22b 拱架的承载力变化规律相近,都是侧压力系数 λ 越接近于 1,承载力越大;

②SQCC150×8 和 I22b 拱架截面含钢量相近,不同侧压力系数下,SQCC150×8 拱架极限承载力普遍高于 I22b 拱架极限承载力,侧压力系数在 0.5<λ<1.25 范

围内，SQCC150×8 拱架极限承载力优势更为明显；

③侧压力系数在 λ<10 以内，SQCC150×8 拱架极限承载力比 I22b 拱架极限承载力平均高 1.60 倍；

④无论侧压力系数如何变化，工字钢和方钢约束混凝土拱架的拱顶、拱底和 90°位置都倾向于同时破坏。对于方钢约束混凝土，侧压力系数 λ<1.05 时，拱顶、拱底破坏更快，λ>1.05 时，90°位置破坏更快；对于工字钢拱架，侧压力系数 λ<1 时，90°位置更快破坏，λ>1 时，拱顶、拱底破坏更快。

2) SQCC180×10 与 H200×200 型钢拱架强度承载力分析对比

(1) 不同侧压力系数下 SQCC180×10 拱架承载力。

采用算例 1 中的圆形拱架几何参数，构件采用 SQCC180×10。图 4.28 为方钢约束混凝构件承载力 F_b 和破坏位置 Φ 随侧压力系数 λ 变化规律：

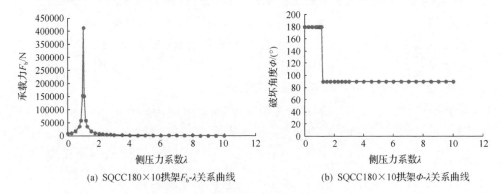

(a) SQCC180×10拱架F_b-λ关系曲线　　　　(b) SQCC180×10拱架Φ-λ关系曲线

图 4.28　SQCC180×10 拱架 F_b-λ 与 Φ-λ 关系曲线

①侧压力系数变化对拱架承载力的影响规律：

a) 侧压力系数对拱架承载力影响显著，随着侧压力系数增大，拱架极限承载力显示出先增大后减小的趋势，且变化幅度明显；

b) 侧压力系数 λ 越接近 1，承载力越大，因其越接近 1，拱架承受的弯矩越接近于 0，轴力起控制作用；

c) λ<1 时，承载力随侧压力系数 λ 增加而增大；

d) λ=1 时的承载力是 λ=1.05 或者 0.95 时的 2.68 倍，可见侧压力系数的微小改变也使承载力发生巨大的变化；

e) 极限承载力的最小值为侧压力系数 λ 无限大时。

②侧压力系数变化对拱架破坏位置的影响规律：

a) 圆形拱架的破坏位置只可能发生在圆形的上下顶部或者 90°，一般顶部如果达到破坏状态那么底部也会同时破坏，这和圆形拱架内力图左右对称、上下对称的分布规律相一致；

b)无论侧压力系数如何变化,方钢约束混凝土拱架的 90°和上下顶部都倾向于同时破坏,侧压力系数 $\lambda<1.05$ 时,上下顶部更快破坏,$\lambda>1.05$ 时,90°更快破坏。

(2)不同侧压力系数下 H200×200 拱架承载力。

构件采用 H200×200 构件,计算侧压力系数变化下拱架的承载力 F_b 和破坏位置 Φ,如图 4.29 所示。

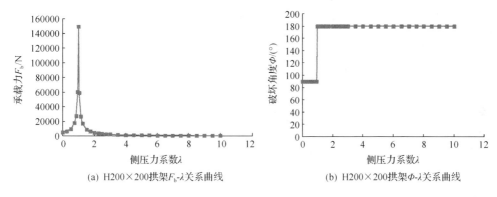

(a) H200×200拱架F_b-λ关系曲线　　　(b) H200×200拱架Φ-λ关系曲线

图 4.29　H200×200 拱架 F_b-λ、Φ-λ 关系曲线

①侧压力系数变化对拱架承载力的影响规律:

a)侧压力系数对 H200×200 拱架承载力的影响规律与 SQCC180×10 拱架相似;

b)侧压力系数 λ 越接近 1,承载力越大,因其越接近 1,拱架承受的弯矩越接近于 0,轴力起控制作用;

c)$\lambda=1$ 时的承载力是 $\lambda=1.05$ 或者 0.95 时的 2.488 倍多,可见侧压力系数的微小改变也使承载力发生巨大的变化;

d)极限承载力的最小值为侧压力系数 λ 无限大时(即拱架上部荷载远远小于两侧荷载)。

②侧压力系数变化对拱架破坏位置的影响规律:

a)圆形拱架的破坏位置只可能发生在圆形的上下顶或者 90°位置,一般顶部如果达到破坏那么底部也会同时破坏,这和圆形拱架内力图左右对称、上下对称的分布规律相一致;

b)无论侧压力系数如何变化,型钢拱架的 90°和上下顶部都倾向于同时破坏,侧压力系数 $\lambda<1$ 时,90°更快破坏,$\lambda>1$ 时,上下顶部更快破坏。

（3）SQCC180×10 和 H200×200 拱架承载力对比。

基于以上分别对方钢约束混凝土 SQCC180×10 和 H200×200 型钢承载力和破坏位置的研究，进行两种截面形式的承载力 F_b 和破坏位置 Φ 对比分析，如图 4.30 所示。

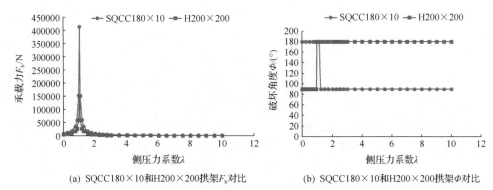

(a) SQCC180×10和H200×200拱架F_b对比　　(b) SQCC180×10和H200×200拱架Φ对比

图 4.30　SQCC180×10 和 H200×200 拱架 F_b、Φ 对比图

侧压力系数变化对两者承载力 F_b 和破坏位置 Φ 的影响规律如下：

①SQCC180×10 拱架和 H200×200 型钢拱架的承载力变化规律相近，都是侧压力系数 λ 越接近于 1，承载力越大。

②SQCC180×10 拱架和 H200×200 型钢截面含钢量相近，在不同侧压力系数下，SQCC180×10 拱架极限承载力明显普遍高于 H200×200 拱架极限承载力，在侧压力系数在 $0.5 < \lambda < 1.25$ 范围内，SQCC180×10 拱架极限承载力优势更为明显。

③侧压力系数 $\lambda < 10$，SQCC180×10 拱架极限承载力比 H200×200 拱架极限承载力平均高 1.964 倍。

④无论侧压力系数如何变化，工字钢和方钢约束混凝土拱架的 90° 和上下顶部都倾向于同时破坏，对于方钢约束混凝土，侧压力系数 $\lambda < 1.05$ 时，上下顶部更快破坏，$\lambda > 1.05$ 时，90° 更快破坏；对于工字钢拱架，侧压力系数 $\lambda < 1$ 时，90° 更快破坏，$\lambda > 1$ 时，上下顶部更快破坏。

⑤圆形拱架最适合于接近于静水压力式荷载分布的承载。

3）四种截面形式的圆形拱架承载力 F_b 分析小结

为便于分析比较四种截面形式的圆形拱架承载力 F_b 和破坏位置 Φ 的差别，将上述计算结果汇总如表 4.3 所示。

根据表 4.3 所示数据，绘制四种截面形式拱架的承载力 F_b 和破坏位置 Φ 随侧压力系数 λ 变化的关系曲线，如图 4.31 所示。

表 4.3　四种截面形式的圆形拱架承载力 F_b 和破坏位置 $\varPhi$ 统计表

λ	SQCC150×8		I22b		SQCC180×10		H200×200	
	承载力 F_b/N	破坏位置 $\varPhi$/(°)	承载力 F_b/N	破坏位置 $\varPhi$/(°)	承载力 F_b/N	破坏位置 $\varPhi$/(°)	承载力 F_b/N	破坏位置 $\varPhi$/(°)
0	4864	180	3316	90	8828	180	4854	90
0.25	6498	180	4378	90	11797	180	6403	90
0.5	9782	180	6441	90	17768	180	9405	90
0.75	19800	180	12180	90	35875	180	17703	90
0.85	33137	180	18925	90	60155	180	27358	90
0.95	91467	180	42408	90	154520	180	60180	90
1	277422	180	111337	180	414075	180	149705	180
1.05	89930	180	41565	180	151606	180	58927	180
1.15	33192	90	18445	180	60135	180	26616	180
1.25	19809	90	11853	180	35997	90	17190	180
1.5	9830	90	6259	180	17864	90	9118	180
1.75	6533	90	4252	180	11869	90	6204	180
2	4891	90	3220	180	8885	90	4702	180
2.25	3909	90	2591	180	7099	90	3785	180
2.5	3255	90	2167	180	5911	90	3167	180
2.75	2788	90	1863	180	5064	90	2723	180
3	2439	90	1633	180	4429	90	2387	180
3.5	1950	90	1310	180	3540	90	1916	180
4	1624	90	1094	180	2949	90	1600	180
4.5	1392	90	939	180	2527	90	1374	180
5	1217	90	822	180	2210	90	1203	180
5.5	1082	90	732	180	1964	90	1091	180
6	974	90	659	180	1768	90	964	180
6.5	885	90	599	180	1607	90	877	180
7	811	90	549	180	1473	90	804	180
7.5	749	90	507	180	1359	90	743	180
8	695	90	471	180	1262	90	690	180
8.5	649	90	440	180	1178	90	644	180
9	608	90	413	180	1104	90	604	180
9.5	572	90	388	180	1039	90	568	180
10	540	90	367	180	981	90	537	180

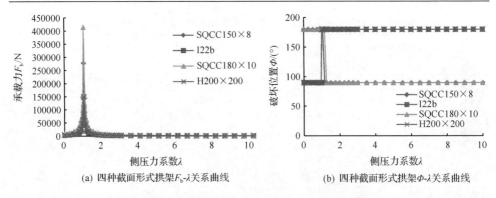

(a) 四种截面形式拱架F_b-λ关系曲线　　　　(b) 四种截面形式拱架Φ-λ关系曲线

图 4.31　四种截面形式拱架 F_b-λ 和 Φ-λ 对比关系曲线

　　四种截面形式的圆形拱架承载力 F_b 和破坏位置 Φ 对比总结如下。

　　(1) 四种截面形式拱架随侧压力系数变化 λ，承载力 F_b 都是先增大后减小，承载力峰值点都出现在 $\lambda=1$；

　　(2) 四种截面形式拱架 $\lambda=1$ 时的承载力至少是 $\lambda=1.05$ 或者 0.95 时的 2.488 倍，可见侧压力系数的微小改变也使承载力发生巨大的变化，这是由于侧压力系数越小，截面弯矩越接近于 0，承载力越大；

　　(3) SQCC150×8 和 I22b 拱架每延米含钢量相近，$\lambda \leqslant 1$ 时，SQCC150×8 拱架承载力 F_b 比 I22b 拱架平均高 1.785 倍；不同侧压力系数下 SQCC150×8 拱架承载力比 I22b 拱架高 1.467～2.492 倍，平均高 1.595 倍；

　　(4) SQCC180×10 和 H200×200 拱架每延米含钢量相近，$\lambda \leqslant 1$ 时，SQCC180×10 拱架承载力 F_b 比 H200×200 拱架平均高 2.158 倍；不同侧压力系数下 SQCC180×10 拱架承载力比 H200×200 拱架高 1.819～2.766 倍，平均高 1.964 倍；

　　(5) H200×200 是 SQCC150×8 每延米含钢量的 1.4124 倍，但在不同侧压力系数下，SQCC150×8 拱架承载力 F_b 是 H200×200 的 1.099 倍；

　　(6) 方钢约束混凝土拱架不同侧压力系数 λ 下，破坏位置基本相同。型钢拱架不同侧压力系数下破坏位置也基本相同。方钢约束混凝土拱架和型钢拱架破坏位置截然不同；

　　(7) 综上可知，约束混凝土拱架比型钢拱架具有更高的强度承载力。

2. 三心圆拱架不同截面形式承载力分析

1) SQCC150×8 与 I22b 拱架强度承载力分析对比

　　(1) 不同侧压力系数下 SQCC150×8 拱架承载力。

　　采用算例 2 中的三心圆拱架几何参数，构件采用 SQCC150×8。图 4.32 为方钢约束混凝构件承载力 F_b 和破坏位置 Φ 随侧压力系数 λ 变化规律。

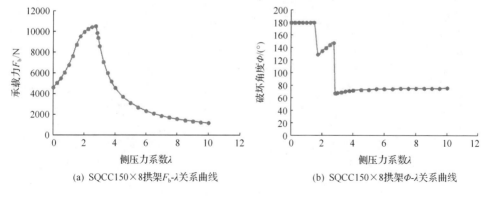

(a) SQCC150×8拱架F_b-λ关系曲线　　　(b) SQCC150×8拱架Φ-λ关系曲线

图 4.32　SQCC150×8 拱架 F_b-λ 与 Φ-λ 关系曲线

①侧压力系数变化对拱架承载力的影响规律：

a)侧压力系数对拱架承载力影响显著，随着侧压力系数增大，拱架极限承载力显示出先增大后减小的趋势，且变化幅度明显；

b)当 λ=2.75 附近时，极限荷载达到峰值，本算例的峰值为 10530N/m，达到峰值后，随着侧压力系数的增大，承载力迅速降低；

c)λ<2，承载力随侧压力系数 λ 增加而增大；当 λ>4 时，随着侧压力系数 λ 的继续增大，极限承载力逐渐趋于平缓；

d)极限承载力的最小值为侧压力系数 λ 无限大时(即拱架上部荷载远远小于两侧荷载)。

②侧压力系数变化对拱架破坏位置的影响规律：

a)侧压力系数对拱架破坏位置影响显著，随着侧压力系数增大，破坏位置呈"台阶式"变化；

b)当 0≤λ<1.5，破坏位置保持在 180°不变；当 λ>1.5，破坏位置变化为 128°，并随着 λ 的增大破坏位置不断缓慢增加；当 λ≥3，破坏位置转移到 67°附近，并随着 λ 的增大破坏位置缓慢变化，并最终稳定在 75°附近。

(2)不同侧压力系数下 I22b 拱架承载力。

构件采用 I22b 构件，计算侧压力系数变化下拱架的承载力 F_b 和破坏位置 Φ，如图 4.33 所示。

①侧压力系数变化对拱架承载力的影响规律：

a)侧压力系数对拱架承载力影响显著，随着侧压力系数增大，拱架极限承载力显示出先增大后减小的趋势，且变化幅度明显；

b)当 λ=2.5 附近时，极限荷载达到峰值，本算例的峰值为 6600N/m，达到峰值后，随侧压力系数的增大，承载力迅速降低；

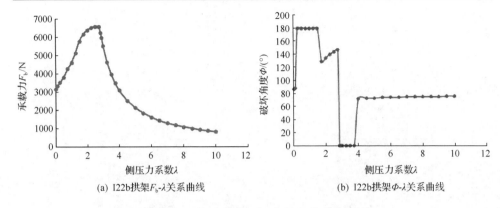

(a) I22b拱架F_b-λ关系曲线　　　　　　(b) I22b拱架Φ-λ关系曲线

图 4.33　I22b 拱架 F_b-λ 与 Φ-λ 关系曲线

c)$\lambda \leqslant 2$ 时，承载力随侧压力系数 λ 增大而增大；

d)$\lambda > 4$ 时，随着侧压力系数 λ 的继续增大，极限荷载减小趋于平缓；

e)极限承载力的最小值为侧压力系数 λ 无限大时(即拱架上部荷载远远小于两侧荷载)。

②侧压力系数变化对拱架破坏位置的影响规律如下：

侧压力系数对拱架的破坏位置影响显著，随着侧压力系数增大，破坏位置呈"台阶式"变化；

当 $0 \leqslant \lambda < 0.25$，破坏位置在 87°附近，$0.25 \leqslant \lambda < 0.5$，破坏位置保持在 180°不变；当 $\lambda > 1.5$，破坏位置变化为 128°，并随着 λ 的增大破坏位置不断缓慢增加；$2.85 \leqslant \lambda < 3$ 时，破坏位置变化到 0°位置，当 $\lambda \geqslant 4$ 时，破坏位置突变到 72°附近，并随着 λ 的增大破坏位置缓慢变化，并最终稳定。

(3)SQCC150×8 和 I22b 拱架承载力对比。

SQCC150×8 和 I22b 构件截面含钢量相近，在此基础上对两种截面形式拱架极限荷载 F_b 和破坏位置 Φ 进行对比分析，如图 4.34 所示。

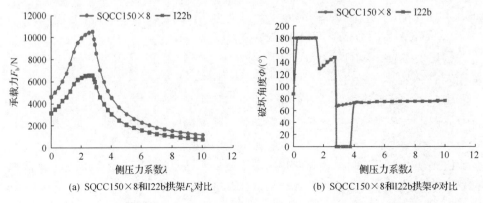

(a) SQCC150×8和I22b拱架F_b对比　　　　　　(b) SQCC150×8和I22b拱架Φ对比

图 4.34　SQCC150×8 和 I22b 拱架 F_b、Φ 对比图

侧压力系数变化对两者承载力 F_b 和破坏位置 Φ 的影响规律如下：

a)SQCC150×8 拱架和 I22b 拱架的承载力都随侧压力系数 λ 的增大，先增大后减小；

b)SQCC150×8 和 I22b 截面含钢量相近，不同侧压力系数下，SQCC150×8 拱架极限承载力普遍高于 I22b 拱架极限承载力，侧压力系数在 1.5<λ<3 范围内，SQCC150×8 拱架极限承载力优势更为明显(SQCC150×8 拱架是 I22b 的 1.562 倍)；

c)侧压力系数 λ<10 以内，SQCC150×8 拱架极限承载力比 I22b 拱架极限承载力平均高 1.49 倍。侧压力系数 λ<4 时，SQCC150×8 拱架极限承载力比 I22b 拱架极限承载力平均高 1.515 倍；

d)两种截面形式构件随侧压力系数的变化，破坏位置的变化规律基本相同，但在 0≤λ≤0.25 和 2.85<λ<3 范围内，两者破坏位置不同。

2)SQCC180×10 与 H200×200 型钢拱架强度承载力分析对比

(1)不同侧压力系数下 SQCC180×10 拱架承载力。

采用算例 2 中的三心圆拱架几何参数，构件采用 SQCC180×10。图 4.35 为方钢约束混凝构件承载力 F_b 和破坏位置 Φ 随侧压力系数 λ 变化规律。

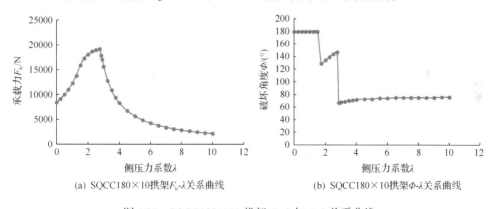

(a) SQCC180×10拱架F_b-λ关系曲线　　　　(b) SQCC180×10拱架Φ-λ关系曲线

图 4.35　SQCC180×10 拱架 F_b-λ 与 Φ-λ 关系曲线

①侧压力系数变化对拱架承载力的影响规律：

a)侧压力系数对拱架承载力影响显著，随着侧压力系数增大，拱架极限承载力显示出先增大后减小的趋势，且变化幅度明显；

b)当 λ=2.75 附近时，极限荷载达到峰值，本算例的峰值为 19138N/m，达到峰值后，随侧压力系数的增大，承载力迅速降低；

c)λ<2 时，承载力随侧压力系数 λ 增加而增大；当 λ>4 时，随着侧压力系数 λ 的继续增大，极限荷载逐渐趋于平缓；

　　d) 极限承载力的最小值为侧压力系数 λ 无限大时(即拱架上部荷载远远小于两侧荷载)。

　　②侧压力系数变化对拱架破坏位置的影响规律如下:

　　a) 侧压力系数对拱架破坏位置影响显著,随着侧压力系数增大,破坏位置呈"台阶式"变化;

　　b) 当 $0 \leqslant \lambda < 1.5$,破坏位置保持在 180°不变;当 $\lambda > 1.5$,破坏位置变化为 128°,并随着 λ 的增大破坏位置不断缓慢增加;当 $\lambda = 3$,破坏位置突变至 67°附近,并随着 λ 的增大破坏位置缓慢变化,并最终稳定在 75°附近。

　　(2) 不同侧压力系数下 H200×200 拱架承载力。

　　构件采用 H200×200 构件,计算侧压力系数变化下拱架的承载力 F_b 和破坏位置 Φ,如图 4.36 所示。

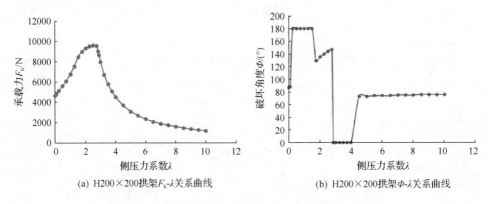

(a) H200×200拱架F_b-λ关系曲线　　　　　(b) H200×200拱架Φ-λ关系曲线

图 4.36　H200×200 拱架 F_b-λ 与 Φ-λ 关系曲线

　　①侧压力系数变化对拱架承载力的影响规律:

　　a) 侧压力系数对拱架承载力影响显著,随着侧压力系数增大,拱架极限承载力显示出先增大后减小的趋势,且变化幅度明显;

　　b) 当 $\lambda = 2.5$ 附近时,极限荷载达到峰值,本算例的峰值为 9600N/m,达到峰值后,随侧压力系数的增大,承载力迅速降低;

　　c) $\lambda < 2$ 时,承载力随侧压力系数 λ 增大而增大;

　　d) $\lambda > 4$ 时,随着侧压力系数 λ 的继续增大,极限荷载减小趋于平缓;

　　e) 极限承载力的最小值为侧压力系数 λ 无限大时(即拱架上部荷载远远小于两侧荷载)。

　　②侧压力系数变化对拱架破坏位置的影响规律:

　　a) 侧压力系数对拱架到达极限承载力后破坏位置影响显著,随着侧压力系数增大,破坏位置呈"台阶式"变化;

b) 当 $0 \leqslant \lambda < 0.25$，破坏位置在 87° 附近，$0.25 \leqslant \lambda < 0.5$，破坏位置保持在 180° 不变；当 $\lambda > 1.5$，破坏位置变化为 128°，并随着 λ 的增大破坏位置不断缓慢增加：$2.85 < \lambda < 3$ 时，破坏位置变化到 0° 位置，当 $\lambda \geqslant 4$ 时，破坏位置突变到 72° 附近，并随着 λ 的增大破坏位置缓慢变化，并最终稳定。

(3) SQCC180×10 和 H200×200 拱架承载力对比。

基于以上分别对 SQCC180×10 和 H200×200 拱架承载力和破坏位置的研究，进行两种截面形式拱架的承载力 F_b 和破坏位置 Φ 对比分析，如图 4.37 所示。

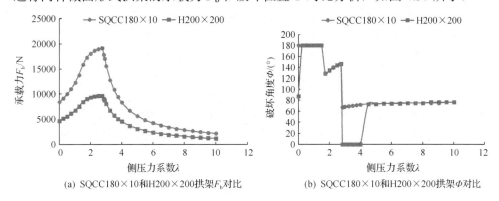

(a) SQCC180×10和H200×200拱架F_b对比　　　(b) SQCC180×10和H200×200拱架Φ对比

图 4.37　SQCC180×10 和 H200×200 拱架 F_b、Φ 对比

侧压力系数变化对两者承载力 F_b 和破坏位置 Φ 的影响规律如下：

(1) SQCC180×10 拱架和 H200×200 拱架的承载力都随侧压力系数 λ 的增大，先增大后减小；

(2) 不同侧压力系数下，SQCC180×10 拱架极限承载力普遍高于 H200×200 拱架极限承载力，在侧压力系数在 $1.5 < \lambda < 3$ 范围内，SQCC180×10 拱架极限承载力优势更为明显（SQCC180×8 拱架平均为 H200×200 的 1.949 倍）；

(3) 侧压力系数 $\lambda < 10$ 以内，SQCC180×10 拱架极限承载力比 H200×200 拱架极限承载力平均高 1.849 倍。侧压力系数 $\lambda < 4$ 时，SQCC180×10 拱架极限承载力比 H200×200 拱架极限承载力平均高 1.889 倍；

(4) 两种拱架构件随侧压力系数的变化，破坏位置的变化规律基本相同，但在 $0 \leqslant \lambda < 0.25$ 和 $2.85 < \lambda < 3$ 范围内，两者破坏位置不同。

3) 四种截面形式的三心圆拱架承载力 F_b 分析小结

为便于分析比较四种截面形式的三心圆拱架承载力 F_b 和破坏位置 Φ 的差别，将上述计算结果汇总如表 4.4 所示。

表 4.4　四种截面形式的三心圆拱架承载力 F_b 和破坏位置 Φ 统计表

λ	SQCC150×8		I22b		SQCC180×10		H200×200	
	承载力 F_b/N	破坏位置 Φ/(°)	承载力 F_b/N	破坏位置 Φ/(°)	承载力 F_b/N	破坏位置 Φ/(°)	承载力 F_b/N	破坏位置 Φ/(°)
0	4649	180	3179	87	8438	180	4654	87
0.25	5041	180	3526	180	9150	180	5173	180
0.5	5508	180	3826	180	10000	180	5610	180
0.75	6070	180	4281	180	11023	180	6128	180
1	6760	180	4610	180	12277	180	6751	180
1.25	7626	180	5136	180	13853	180	7514	180
1.5	8745	180	5798	180	15889	180	8473	180
1.75	9532	129	6184	129	17324	129	9023	129
2	9964	134	6406	134	18110	134	9340	135
2.25	10268	139	6541	140	18663	139	9532	140
2.5	10452	144	6600	144	18997	144	9611	144
2.75	10530	147	6595	147	19138	147	9598	147
2.85	9860	67	6248	0	17919	67	9078	0
2.9	9404	67	5988	0	17089	67	8702	0
3	8599	68	5527	0	15626	68	8036	0
3.25	7073	69	4636	0	12850	69	6746	0
3.5	5996	70	3992	0	10892	70	5813	0
3.75	5197	71	3506	0	9441	71	5106	0
4	4584	72	3113	72	8327	72	4553	0
4.5	3706	73	2533	73	6731	73	3710	73
5	3108	73	2133	73	5644	73	3125	73
5.5	2675	74	1842	74	4857	74	2699	74
6	2347	74	1620	74	4262	74	2375	74
6.5	2091	74	1446	74	3796	75	2120	74
7	1884	75	1305	75	3422	75	1914	75
7.5	1715	75	1189	75	3114	75	1744	75
8	1574	75	1093	75	2859	75	1602	75
8.5	1454	75	1010	75	2640	75	1482	76
9	1351	75	939	75	2453	75	1378	76
9.5	1262	75	878	76	2291	76	1288	76
10	1183	76	824	76	2148	76	1209	76

根据表 4.4 所示数据,绘制四种截面形式拱架的承载力 F_b 和破坏位置 Φ 随侧压力系数 λ 变化的关系曲线,如图 4.38 所示。

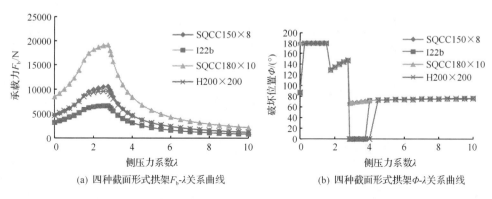

(a) 四种截面形式拱架 F_b-λ 关系曲线　　　　　(b) 四种截面形式拱架 Φ-λ 关系曲线

图 4.38　四种截面形式拱架 F_b-λ 和 Φ-λ 对比关系曲线

四种截面形式的三心圆拱架承载力 F_b 和破坏位置 Φ 对比总结如下:

(1)四种截面形式拱架随侧压力系数 λ 变化,承载力 F_b 都是先增大后减小,SQCC150×8 和 SQCC180×10 拱架承载力 F_b 峰值点都是出现在侧压力系数 λ=2.75 附近,而 I22b 拱架承载力 F_b 峰值点都是出现在侧压力系数 λ=2.5 附近;

(2)SQCC150×8 和 I22b 拱架每延米含钢量相近,λ≤1 时,SQCC150×8 拱架承载力 F_b 比 I22b 拱架平均高 1.443 倍;不同侧压力系数下 SQCC150×8 拱架承载力比 I22b 拱架高 1.43~1.60 倍,平均高 1.487 倍;

(3)SQCC180×10 和 H200×20 拱架每延米含钢量相近,λ≤1 时,SQCC180×10 拱架承载力 F_b 比 H200×200 拱架平均高 1.796 倍;不同侧压力系数下 SQCC180×10 拱架承载力比 H200×200 拱架高 1.769~1.994 倍,平均高 1.849 倍;

(4)H200×200 是 SQCC150×8 每延米含钢量的 1.412 倍,但在不同侧压力系数下,SQCC150×8 承载力 F_b 是 H200×200 的 1.018 倍;

(5)方钢约束混凝土拱架不同侧压力系数 λ 下,破坏位置基本相同。型钢拱架不同侧压力系数下破坏位置也基本相同。方钢约束混凝土拱架和型钢拱架破坏位置大致相同,但在部分侧压力系数下,两者破坏位置有差别;

(6)综上可知,约束混凝土拱架比型钢拱架具有更高的承载能力。

4.5　本 章 小 结

(1)建立了约束混凝土圆形拱架和三心圆拱架的力学分析模型,推导了"任意节数、非等刚度"拱架内力计算公式,分析了围岩荷载、侧压力系数、节点刚度比、抗弯刚度、节点定位角等不同因素对拱架内力的影响规律。

(2)基于约束混凝土拱架内力计算公式，结合约束混凝土压弯强度承载判据，建立了约束混凝土拱架承载能力计算方法。

(3)与传统型钢拱架相比，约束混凝土拱架具有更高的承载能力，在复杂条件地下工程中可以优先选择使用。

第5章 约束混凝土拱架承载特性试验研究

本章利用自主设计研发的约束混凝土拱架全比尺力学试验系统，系统开展不同断面形状、不同截面形式、不同荷载模式下的约束混凝土拱架对比试验，明确约束混凝土拱架破坏模式和承载机制，分析拱架承载能力影响因素，验证计算理论的正确性，为约束混凝土支护的设计与应用提供试验依据。

5.1 约束混凝土拱架试验系统及方法

通过系统开展拱架全比尺室内试验，可以真实有效地反映现场工程实际，直观深入地分析拱架变形破坏机制，定量掌握约束混凝土拱架极限承载力，准确验证拱架计算理论。现有的地下工程拱架试验系统无法实现全比尺、多形状、高荷载、精加载、准监测等功能，不能满足工程研究需要。因此，作者自主设计研发了约束混凝土拱架全比尺力学试验系统。

5.1.1 系统组成及主要功能

1. 系统组成

约束混凝土拱架全比尺力学试验系统，主要由反力结构、加载与控制系统、监测系统及附属构件等组成，如图 5.1 所示。

反力结构为钢包混凝土结构，尺寸大(反力结构外径达到 10m)，强度、刚度高(可提供超过 2400t 的反力)，稳定性好，可实现矿山巷道拱架全比尺力学试验及大型隧道(硐室)的大比尺模拟试验，同时可以通过组合模块的装配，为不同形状的拱架试验提供反力。

加载及控制系统由液压泵站、12 组液压油缸、自动化测控系统、传力分散装置等构成。液压泵站系统最大压力 25MPa，液压泵站及控制系统可以实现对 2 组共 12 个油缸进行加载控制，每组内油缸通过比例控制，实现异步运动同步加载。液压油缸共 12 个，安装在滑动槽内，通过放置垫块可以进行不同尺寸的约束混凝土拱架试验。自动化测控系统由数据采集及处理系统、计算机控制系统、显示系统等组成，可设置不同阶段的加载速度和保压时间，可实现高速采样，实时显示试验数据，根据需要输出并绘制各种试验曲线。传力分散装置由传力铰、传力分散器及传力橡胶组成，传力铰使得传力分散器在测试构件产生变形的时候保证荷载方向与构件轮廓线垂直，传力分散器使得油缸推力传递到拱架的更大范围上，

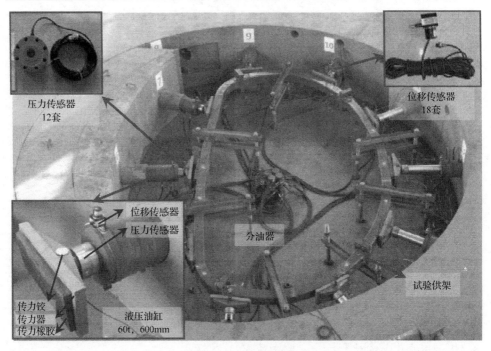

图 5.1　试验系统图

减小应力集中，传力橡胶进一步使传力分散器与拱架表面的接触更为充分，有效降低应力集中，防止拱架因应力集中而导致构件提前破坏，影响试验结果。其他附属构件主要指档梁等，档梁能够保证测试拱架加载时只能在平面内产生变形，防止平面外失稳的发生。

　　监测系统由径向受力监测、径向位移监测、应变监测及钢混耦合监测仪器构成。径向位移监测是指通过在测试拱架指定位置安装位移传感器，并配备数据采集处理单元，将试验过程中的拱架径向变形情况进行准确采集和分析。径向受力监测是指通过在每个液压油缸加载压头上安装测力传感器，并配备数据采集处理单元，将试验过程中的拱架径向受力情况进行准确采集和分析。应变监测是利用应变仪对拱架表面的应变传感器进行实时采集，可以有效分析拱架指定部位的应变情况。钢混耦合监测是指利用声发射仪对布置在拱架不同位置上的探头拾取的声发射信号进行数据处理，对核心混凝土破坏情况进行分析。

　　2. 系统功能

　　(1)实现对约束混凝土拱架及其他常规拱架进行全比尺或大比尺力学试验。

　　(2)利用同一套系统，配以组合式调整模块可实现不同形状约束混凝土拱架的力学试验，以适应矿山巷道、交通隧道、水电隧洞、城市地铁等不同工况下的拱架试验。

(3)通过增减油缸底座垫块的数量,可以调节试验系统的有效加载半径,实现不同尺寸拱架的试验。

(4)对约束混凝土拱架核心混凝土破裂及钢混耦合机制进行试验分析。

(5)实现拱架变形和受力等试验数据的精确量测与采集。

5.1.2　试验方法与步骤

(1)试验系统准备:将加载油缸安装在具体位置,调整好合适的加载作业半径;将径向压力传感器安装至油缸前端,同时将传力铰及传力分散器安装在压力传感器前端;安装横向挡梁的下挡梁,并调整螺栓使得各个挡梁均处于同一水平面,为拱架组装提供平台。

(2)试验拱架组装:将试验拱架运送至指定位置,将各节拱架进行拼装,并预留缩动空间或安装让压装置。

(3)监测元件安装:将位移传感器安装至设计位置,通过螺栓固定在焊接的定位钢板上;在指定位置按照要求布设应变传感器;将各监测传感器通过导线与对应的监测采集单元连接。

(4)上挡梁安装:将上挡梁通过螺栓固定在设计位置,使得拱架只能在水平面内变形。

(5)预加载:在各部分安装结束之后,通过液压控制系统缓慢升压,保证所有油缸均接触试验拱架,并施加不超过预计破坏荷载3%的预加荷载。

(6)试验加载:采用单调加压的方式加载,直至试件破坏。按照加载方案及要求,设定程序控制参数,主要包括加载速率及保压时间,时刻观察试件破坏情况。

5.2　圆形拱架承载特性室内试验

5.2.1　试验方案

1. 试验目的及试验对象

掌握约束混凝土圆形拱架在均压、偏压作用下的受力、变形及破坏特征,对比分析方钢约束混凝土(SQCC)、圆钢约束混凝土(CC)、工字钢、U 型钢等拱架的力学性能,分析其荷载与位移、钢材应变、内力分布等的变化规律,验证拱架计算理论的正确性,结合数值试验研究拱架在不同混凝土强度等级、不同钢管壁厚、不同垂压比等影响因素下的承载特性。圆形试验拱架统计表见表 5.1。

2. 加载及监测方案

1)加载方案

(1)均布加载:1#～12#油缸荷载相同。

表 5.1　圆形试验拱架统计表

试验序号	试件编号	试验对象	荷载类型	灌注混凝土标号
1	SQCC150×8-C40-P 试件	方钢约束混凝土拱架	偏压	C40
2	CC159×10-C40-P 试件	圆钢约束混凝土拱架	偏压	C40
3	I22b-P 试件	工字钢拱架	偏压	—
4	U36-P 试件	U 型钢拱架	偏压	—
5	SQCC150×8-C40-J 试件	方钢约束混凝土拱架	均压	C40
6	CC159×10-C40-J 试件	圆钢约束混凝土拱架	均压	C40

注：SQCC150×8-C40-P(J)中 P 代表竖向垂直加载和横向水平加载不相同，以一定比例加载；J 代表油缸以相同荷载对拱架进行加载。

(2)偏压加载：顶压(2#、3#、4#、8#、9#、10#六个油缸)/侧压(5#、6#、7#、1#、11#、12#六个油缸)=3/2，顶部、底部每个油缸荷载均为两侧油缸的 1.5 倍。

(3)加载速率及保压时间：采用分级加载，荷载小于预计极限荷载的90%时，加载速率为 10kN/min，每 30kN 保压 0.5min；荷载超过预计极限荷载的90%时，降低加载速率至 5kN/min，每 10kN 保压 0.5min；偏压加载采用相同设置。

(4)停止加载标准：采用单调加压的方式加载，直至试件破坏。过程中时刻观察试件破坏情况，直至试件整体进入屈服状态或产生明显破坏。

圆形拱架加载示意图如图 5.2 所示。

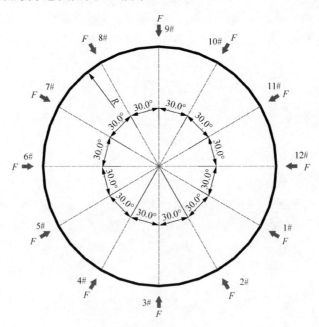

图 5.2　圆形拱架加载示意图

2）监测方案

为有效监测和采集拱架在试验过程中的受力、变形情况，在拱架上均匀布置监测点，每个测点在拱架的内、外、边侧布置电阻应变片，同时在荷载加载点进行径向受力监测和位移监测，具体监测方案在各节中详细叙述，监测信息见表 5.2。

表 5.2　圆形拱架监测项目统计表

监测内容	监测元件	数量	采集单元	采样频率/s	编号
径向受力监测	轮辐式测力传感器 60t	12 个	订制采集模块	1	1#～12#
径向位移监测	拉线式位移传感器 1000mm	12 个	订制采集模块	1	1#～12#
钢材应变监测	应变片 120-3CA	26 个测点 78 片	静态电阻应变仪	2	Y1～Y26

3. 试验拱架加工组装

1）拱架尺寸

圆形拱架内径（直径）为 5.2m，截面有 SQCC150×8-C40、CC159×10-C40、I22b 工字钢、U36 四种形式，图 5.3 为 SQCC150×8-C40 和 CC159×10-C40 拱架的尺寸示意图。

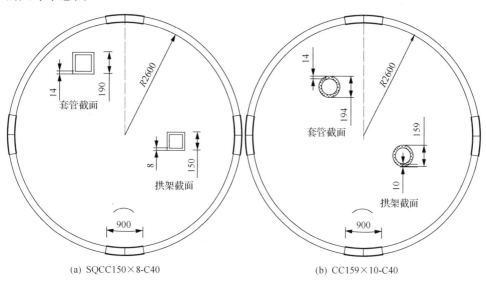

(a) SQCC150×8-C40　　　　　　　(b) CC159×10-C40

图 5.3　拱架尺寸示意图

2）试件加工、养护

试件在加工厂按照要求加工成型。图 5.4 和图 5.5 分别为加工并组装完成的工字钢拱架和 U 型钢拱架试件，图 5.6 和图 5.7 分别为加工并灌注完成的圆钢和方钢约束混凝土拱架试件。

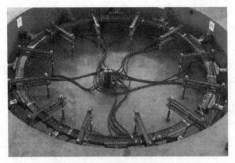
图 5.4　工字钢拱架

图 5.5　U 型钢拱架

图 5.6　CC 拱架

图 5.7　SQCC 拱架

4. 数值试验方案

为与拱架的室内试验结论相互验证，补充在室内试验中未进行的部分拱架力学试验，同时完善室内试验中部分无法有效采集的试验数据(如拱架轴力、弯矩、混凝土应力)，进行本部分数值试验研究。

试验主要针对 SQCC150×8-C40 拱架、CC159×10-C40 拱架、I22b 工字钢拱架和 U36 拱架四种拱架形式，开展与室内试验尺寸和加载方式相同的数值试验。表 5.3 为数值试验方案统计表。材料参数与第 3 章数值试验确定的材料参数相同。

表 5.3　数值试验方案

序号	拱架形式	试验对象	荷载类型
1	SQCC150×8-C40	方钢约束混凝土拱架	偏压
2			均压
3	CC159×10-C40	圆钢约束混凝土拱架	偏压
4			均压
5	I22b	工字钢拱架	偏压
6			均压
7	U36	U 型钢拱架	偏压
8			均压

5.2.2　SQCC150×8-C40-P 拱架试验及结果分析

1. 变形破坏分析

　　试验根据现场实际地应力分布状态，选择垂直荷载/水平荷载=1.5 的典型情况进行模拟。加载时 2#、3#、4#、8#、9#、10#油缸施加的垂直荷载为 11#、12#、1#、5#、6#、7#油缸所施加水平荷载的 1.5 倍。试验初期拱架变形很小，随着荷载的增加，拱架变形越来越明显，由于垂直荷载增加较快，拱架整体由圆形向椭圆形发展，上下侧内挤，左右侧外扩；试验进行到 631s 左右时，靠近 3#加载点处的拱架出现漆皮鼓起现象，表示该处最先出现了强度破坏，此时拱架承载力达到最大；随着强度破坏的出现，拱架承载能力开始下降，变形的不断增加导致拱架在 12#油缸部位也开始出现强度破坏；试验结束时拱架拱顶底和两帮位置均出现了严重的强度破坏。图 5.8 为拱架变形前后的形态对比。为更加清晰反映拱架的变形形态和变形量，绘制如图 5.9 所示的试验结束时的拱架变形素描图，单位为 mm，红线代表拱架变形后的轮廓，可见拱架在偏压作用下变成椭圆形。

(a) 试验前　　　　　　　　　　　(b) 加载完成

图 5.8　拱架失稳破坏形态

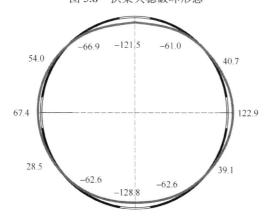

图 5.9　拱架变形素描图

由图 5.10 数值试验得到的应力云图可以看出，数值试验得到的拱架变形形态与室内试验基本一致，拱架由圆形变成左右外扩的椭圆形，应力集中部位主要位于拱顶、拱底和两帮位置，最大有效应力达到 409MPa，肩部有效应力较小，未超过 50.8MPa。

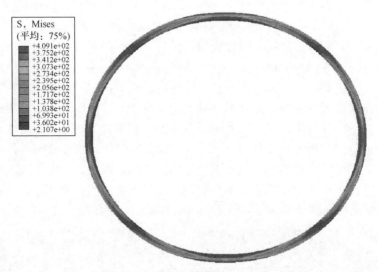

图 5.10 数值试验拱架应力云图

2. 承载能力分析

图 5.11 为拱架试验过程中的总荷载-时间曲线，图 5.12 为分荷载-时间曲线，图 5.13 为荷载位移测点的分荷载-位移曲线，图 5.14 为数值试验的总荷载-拱顶位移曲线。

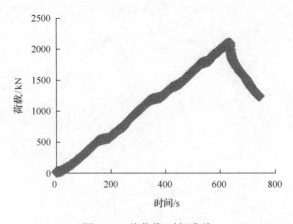

图 5.11 总荷载-时间曲线

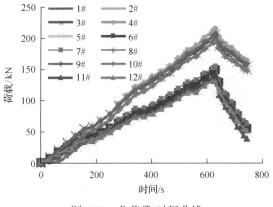

图 5.12　分荷载-时间曲线

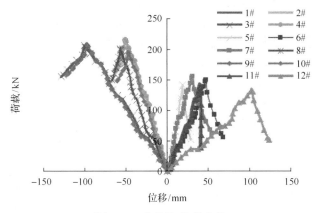

图 5.13　分荷载-位移曲线

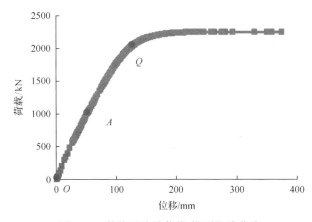

图 5.14　数值试验总荷载-拱顶位移曲线

通过对整个试验过程的观察总结，结合图 5.8 所示拱架失稳破坏形态，分析
荷载-时间及荷载-位移曲线可知：

(1)由图 5.12 可知,在拱架达到屈服强度之前,两组油缸的荷载保持了较好的加载比例和同步性,且各组油缸在达到预定荷载后稳压效果良好,油缸很好的满足了本次试验偏压加载的要求;

(2)SQCC150×8-C40-P 拱架室内试验极限承载力 F_e=2096.4kN,数值试验极限荷载 F_n=2234.3kN,理论计算极限承载力 F_t=2141.5kN,三者之间最大差异率为 6.6%,最小差异率仅为 2.2%,无论是变形形态还是承载力结果都具有很好地一致性;

(3)2#、3#、4#和8#、9#、10#测点位移为负,说明油缸外伸,相应位置拱架内凹 11#、12#、1#和5#、6#、7#测点位移为正,说明油缸内缩,即相应位置拱架外凸,这是由于模拟现场条件下,垂直应力相对于水平应力较大;

(4)由图 5.13 可知,拱架在达到极限承载力前每个部位的荷载-位移曲线基本呈线性关系,说明拱架变形速度较均匀;3#、9#、6#、12#荷载-位移曲线整体斜率较大,说明这些位置变形速度较快,这和拱架呈 3#、9#方向内挤,6#、12#方向外凸的椭圆形变形现象一致;

(5)从分荷载-位移曲线中可以看出,每条曲线均在达到一定位移时产生下降段,但曲线仍具有一定斜率,说明拱架此时发生了屈服破坏,但承载能力未快速下降,拱架仍具有一定的后期承载能力;

(6)由图 5.14 可知,拱架破坏经历了线弹性(OA)-塑性(AQ)-屈服(QD)三个阶段,在 OA 阶段拱架拱顶位移与荷载基本呈线性关系,随荷载增加拱架均匀缓慢变形,在 A 点(46mm,1023kN)时拱架进入塑性变形,到 Q 点(128mm,2047kN)时拱架开始屈服,荷载上升速度大幅度减小,拱架变形速度迅速加快。

3. 拱架钢材应变数据分析

SQCC 拱架应变监测点布置如图 5.15 所示,图 5.16 为拱架上各监测点轴向应变监测曲线,图中"5-n、5-b、5-w"中的 5 表示图 5.15 的 5 号应变监测点,n 表示拱架内侧的应变花(b 代表边侧,w 代表外侧),1 表示拱架轴向方向的应变,其余类推。

通过拱架的变形破坏分析可知,拱架顶底、两帮及附近位置为变形最大部位,拱肩位置变形较小,从上述部位选取两处典型位置分析其荷载-应变曲线可得如下结论。

(1)如图 5.16(a)所示,帮部 Y23 监测点为应变最大位置,微应变超过 4000;顶部 Y5 测点微应变超过 2500,均超过了钢材弹性阶段,说明拱顶、拱底及两帮部分位置钢材均达到了塑性状态,钢材变形最大,成为拱架关键破坏部位。

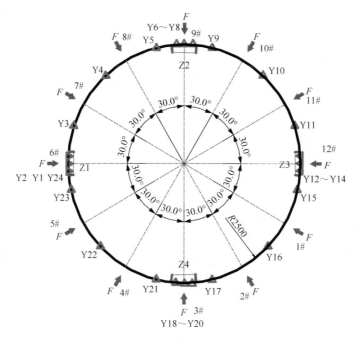

图 5.15　SQCC 拱架应变监测布置

(2) 如图 5.16(b) 所示，拱肩部位 Y22 和 Y10 测点微应变均未超过 600，钢材远未达到屈服状态，仍在弹性范围之内，说明拱架拱肩部位钢材变形不明显。

(3) 在偏压作用下，拱架的破坏并非所有位置的强度破坏，尤其拱肩等部位钢材仍处于弹性状态，而拱底、拱底及两帮等内力较大的关键破坏部位出现了强度破坏，使得拱架失去了整体强度。

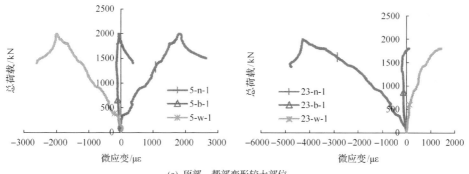

(a) 顶部、帮部变形较大部位

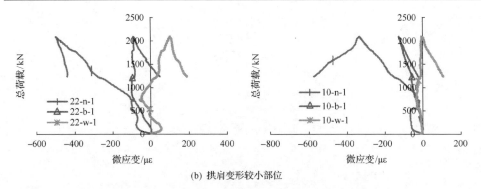

(b) 拱肩变形较小部位

图 5.16　拱架典型部位钢材的荷载-应变曲线

4. 拱架内力分析

通过室内试验无法直接得到轴力和弯矩等拱架内力，因此通过数值试验和理论计算对拱架内力进行分析。图 5.17 为通过数值试验和理论计算得到的拱架内力分布图，图 5.18 为数值试验得到的内力随位置变化曲线。

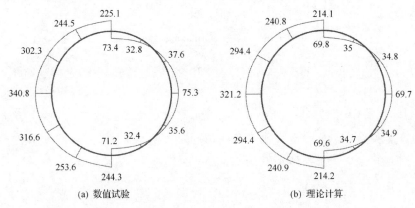

(a) 数值试验　　　　　　　　　　　　(b) 理论计算

图 5.17　拱架内力分布(左侧为轴力/kN，右侧为弯矩/(kN·m))

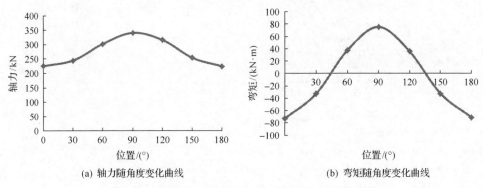

(a) 轴力随角度变化曲线　　　　　　　(b) 弯矩随角度变化曲线

图 5.18　拱架轴力和弯矩随角度(拱顶为 0°)变化曲线

由图 5.17 可知，数值试验所得轴力与理论计算的最大差异率为 7.5%，最小差异率仅为 1.5%；弯矩的最大差异率为 8.2%，最小差异率仅为 2.1%，且内力分布具有很好的一致性，验证了理论计算的正确性。

由图 5.18 可知，拱架轴力最大部位在帮部位置，为 340.8kN；拱架 0°(拱顶) 和 180°(拱底)位置轴力最小，分别为 225.1kN 和 244.3kN，由第 3 章结论可知，拱架所受轴力远未达到 SQCC150×8-C40 轴压极限荷载 2685kN，最大轴力仅为极限荷载的 12.7%。轴力上下分布对称性较好，从拱顶到帮部再到拱底呈先增大后减小的趋势。

拱顶和拱底弯矩为负，拱顶受使其向巷(隧)道内弯曲的弯矩，帮部弯矩为正，拱帮受使其向巷(隧)道外弯曲的弯矩。帮部弯矩最大为 75.3kN·m，拱肩部位和拱底边侧存在弯矩为 0 的位置。由第 3 章结论可知，SQCC150×8-C40 构件极限弯矩为 100.2kN·m，可见帮部、顶部和底部区域均未超过极限弯矩。通过拱架内力分析可知，偏压作用下拱架受压弯组合作用破坏，弯矩作用更加显著。

5.2.3　CC159×10-C40-P 拱架试验及结果分析

1. 变形破坏分析

CC159×10-C40-P 拱架试验持续 1420s 左右，试验开始后 160s 左右的时间内未观测到拱架的明显变形，各油缸推力较为均匀地增加；随着荷载的继续增大，由于垂直荷载加载较快，拱架整体形状由圆形变成椭圆形，上下两侧内挤、左右两侧外扩，此后拱架一直沿此规律变形；1140s 左右时，拱架底部附近位置出现了强度破坏，此时拱架荷载也达到了极限荷载；随着强度破坏的出现，荷载开始下降，拱架变形速度明显加快，帮部也开始发生破坏。至 1420s 左右试验结束时，拱架的变形更加严重，破坏最严重部位为拱顶、拱底和两帮。

图 5.19 为拱架室内试验变形图，图 5.20 为根据拱架室内试验变形监测绘制的示意图，图 5.21 为数值试验得到的应力云图。

图 5.19　拱架失稳破坏形态

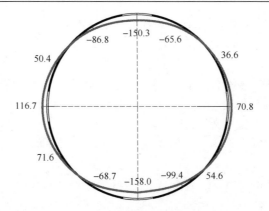

图 5.20　拱架变形素描图

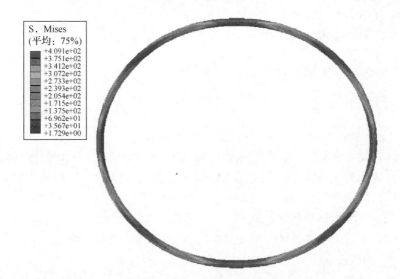

图 5.21　数值试验拱架应力云图

由图 5.20 和图 5.21 可知，数值试验得到的变形形态与室内试验基本一致，拱架整体变成椭圆形，应力集中位置位于拱顶、拱底和两帮，最大有效应力达到 409MPa，肩部应力较小，均未超过 101.7MPa。

2. 承载能力分析

图 5.22 为试验过程中的总荷载-时间曲线，图 5.23 为分荷载-时间曲线，图 5.24 为荷载位移测点单个油缸的分荷载-位移曲线，图 5.25 为数值试验总荷载-拱顶位移曲线。

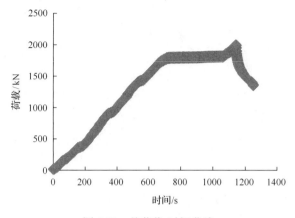

图 5.22　总荷载-时间曲线

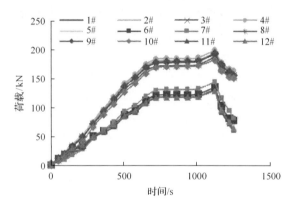

图 5.23　分荷载-时间曲线

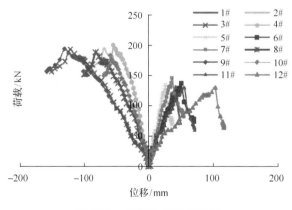

图 5.24　分荷载-位移曲线图

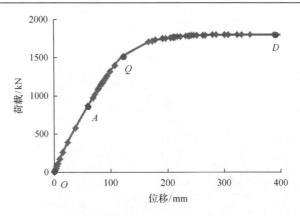

图 5.25　数值试验总荷载-拱顶位移曲线

通过对整个试验过程的观察总结，分析荷载-时间和荷载-位移曲线可知：

(1) 拱架室内试验极限承载能力 F_e=2003.2kN，数值试验极限承载能力 F_n=1820.7kN，两者差异率仅为 9.1%，数值试验和室内试验无论变形形态还是承载力结果都具有很好的一致性；

(2) 2#、3#、4#和8#、9#、10#位移为负，说明油缸外伸，即这些位置拱架内凹，11#、12#、1#和5#、6#、7#位移为正，说明油缸内缩，即这些位置拱架外凸；

(3) 由图 5.24 可知，3#、9#、6#、12#荷载-位移曲线整体斜率较大，说明这些位置变形速度较快，这和拱架呈 3#、9#方向内挤，6#、12#方向外凸的椭圆形变形现象一致；

(4) 对荷载-位移数据分析可知，在各油缸荷载总和达到 220kN 之前，拱架几乎没有变形，当荷载超过 220kN 时，每个部位荷载-位移曲线基本呈线性关系，说明拱架此时变形较为均匀；

(5) 图 5.24 中每条曲线均存在 Q 点所指的屈服点，Q 点处曲线斜率绝对值开始变小，说明拱架此时变形速度加快，进入屈服状态；拱架屈服后承载能力又有一段斜率较小的上升阶段，表明约束混凝土拱架具有较好的后期承载力；

(6) 由数值试验荷载-拱顶位移曲线可知，拱架破坏经历了线弹性(OA)-塑性(AQ)-屈服(QD)三个阶段。在 OA 阶段拱架拱顶位移与荷载呈线性关系，随荷载增加拱架均匀缓慢变形，在 A 点(59mm，863kN)拱架进入塑性变形，到 Q 点(122mm，1517kN)时拱架开始屈服，荷载上升速度大幅度减小，拱架变形速度迅速加快。

3. 拱架钢材应变数据分析

图 5.26 为拱架上各点轴向应变监测曲线，拱架应变监测布置与上节 SQCC 拱架相同，通过图 5.26 分析可得如下结论。

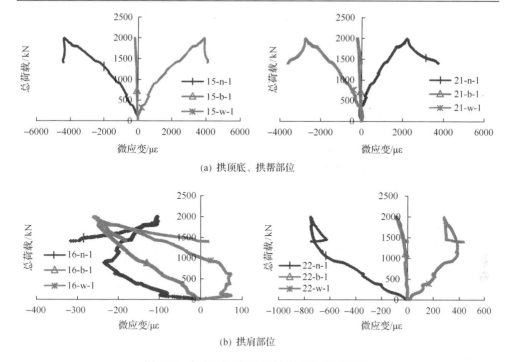

(a) 拱顶底、拱帮部位

(b) 拱肩部位

图 5.26　拱架不同部位钢材的荷载-应变曲线

(1) 如图 5.26(a) 所示，Y15、Y21 测点的应变最大，内侧和外侧微应变均超过了 4000，超过了钢材的弹性阶段，说明拱顶底、帮部等部分位置钢材均进入塑性状态，成为拱架破坏最严重的部位。

(2) 如图 5.26(b) 所示，拱肩部位的 Y16 和 Y22 测点的微应变均小于 500，钢材远未达到屈服状态，仍在弹性范围之内。

(3) 在拱架变形破坏过程中，并非所有部位均产生强度破坏，拱肩及其对称部位钢材均在弹性范围内，在 24 个测点中只有 8 个测点位置的钢材达到塑性变形，拱顶、拱底和拱帮等关键破坏部位发生强度破坏导致拱架的整体性被破坏。

4. 拱架内力分析

图 5.27 和图 5.28 为通过数值试验得到的拱架内力分布图和内力随位置变化曲线。

通过轴力、弯矩图分析可知：拱架轴力最大部位在拱底位置，为 289.8kN；拱架 30° 位置和 150° 位置轴力最小，分别为 213.4kN 和 214.9kN，拱架所受轴力远未达到 CC159×10-C40 构件理论轴压极限荷载 2074.8kN，最大轴力仅为极限荷载的 14.0%。轴力分布均匀且上下对称性较好，且较为均匀，最大轴力与最小轴力相差 25.8%。

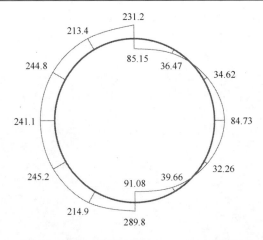

图 5.27　拱架内力分布(左侧为轴力/kN，右侧为弯矩/(kN·m))

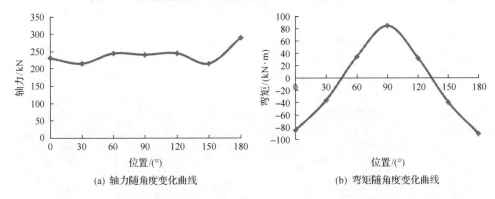

(a) 轴力随角度变化曲线　　　　　　　　(b) 弯矩随角度变化曲线

图 5.28　拱架轴力和弯矩随角度(拱顶为0°)变化曲线

拱顶和拱底弯矩为负，拱顶受使其向隧道内弯曲的弯矩，帮部弯矩为正，受使其向隧道外弯曲的弯矩。拱底部位弯矩最大，为 91.08kN·m，拱肩部位和拱底边侧存在弯矩为 0 的位置。CC159×10-C40 构件理论计算极限弯矩为 65.8kN·m，可见帮部、顶部和底部相当大区域均超过或接近极限弯矩。通过拱架内力分析可知，偏压作用下拱架受压弯组合作用破坏，弯矩作用更加显著。

5.2.4　I22b-P 拱架试验及结果分析

1. 变形破坏分析

1)拱架变形过程及形态

I22b-P 工字钢拱架试验持续 2006s，试验开始后 620s 以内未观测到拱架的明显变形，各油缸推力基本一致，均未达到 40kN。620s 以后，竖直方向油缸推力增速明显超过水平方向油缸，拱架开始缓慢变形，垂直荷载/水平荷载基本维持在

1.5 倍左右；在 1940s 时，拱架 3#、4#油缸之间位置拱架突然鼓起，并迅速发生平面外失稳。

图 5.29 和图 5.30 为 I22b 工字钢拱架试验后的变形破坏形态。图 5.31 为数值试验得到的应力云图。

图 5.29　拱架变形破坏形态

图 5.30　拱架平面外失稳

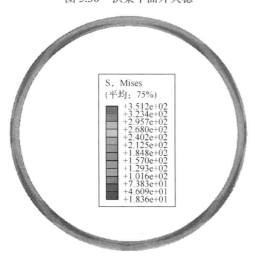

图 5.31　数值试验应力云图

由图 5.31 可知，拱架最大有效应力为 351.2MPa，应力最大部位主要集中在拱顶、拱底和两帮位置。

2) 拱架局部破坏分析

拱架局部破坏情况如图 5.32 所示。

图 5.32　拱架局部破坏情况

(1) 试验在加载到一定程度时，3#~4#加载点之间位置拱架突然鼓起，并迅速发生平面外失稳破坏。该位置拱架大范围鼓起，并将水平档梁破坏，同时 3#油缸加载的转动铰被严重破坏。

(2) 拱架变形最大的部位钢材并没有产生严重破坏，而且没有发生脱漆现象，但变形范围较大，平面外失稳程度较严重，拱架整体比较容易发生失稳性破坏。

2. 承载能力分析

图 5.33 为试验过程中的总荷载-时间曲线，图 5.34 为分荷载-时间曲线，图 5.35 为荷载位移测点单个油缸的分荷载-位移曲线，图 5.36 为数值试验得到的总荷载-拱顶位移曲线。

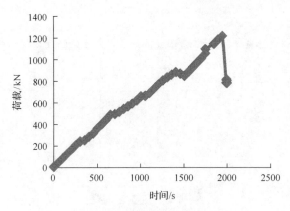

图 5.33　总荷载-时间曲线图

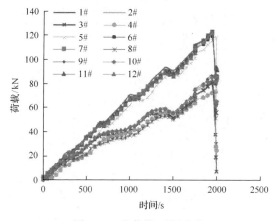

图 5.34　分荷载-时间曲线

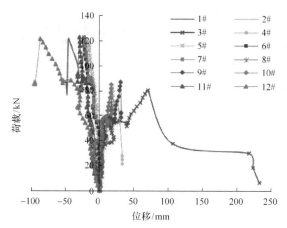

图 5.35　分荷载-位移曲线图

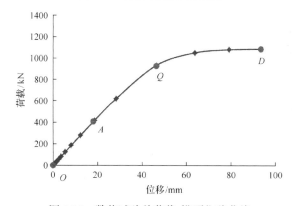

图 5.36　数值试验总荷载-拱顶位移曲线

通过对整个试验过程的观察总结，结合图 5.29 和图 5.30，分析荷载-时间和荷载-位移曲线可知：

(1)由图 5.34 可知，在拱架达到屈服强度之前，两组油缸的荷载保持了较好的加载比例和同步性，且各组油缸在达到预定荷载后稳压效果良好，油缸很好地满足了本次试验偏压加载的要求；

(2)I22b-P 工字钢拱架室内试验极限承载力 F_e=1217.3kN，数值试验极限承载力 F_n=1105.4kN，两者差异率为 9.2%，数值试验和室内试验无论变形形态还是承载力结果都具有很好的一致性；

(3)2#、3#、4#和 8#、9#、10#测点位移为负，说明油缸外伸，相应位置拱架内凹，11#、12#、1#、5#、6#、7#测点位移为正，说明油缸内缩，即相应位置拱架外凸，这是由于模拟现场条件，垂直应力相对于水平应力较大；

(4)由图 5.35 可知，3#位置拱架变形最大，在拱架达到极限承载力之前，该位置的变形为 12 个测点里最大，达到极限承载力后该位置变形急剧增大，平面内变形接近 250mm；

(5)由图 5.36 可知，拱架破坏经历了为线弹性(OA)-塑性(AQ)-屈服(QD)三个阶段。在 OA 阶段拱顶位移与荷载呈线性关系，随荷载增加拱架均匀缓慢变形，在 A 点(18.6mm，414.6kN)拱架进入塑性变形，到 Q 点(46.6mm，933.2kN)时拱架开始屈服，荷载上升速度大幅度减小，拱架变形速度迅速加快。

3. 拱架钢材应变数据分析

I22b 工字钢拱架应变监测布置如图 5.37 所示，图 5.38 为拱架上各监测点轴向

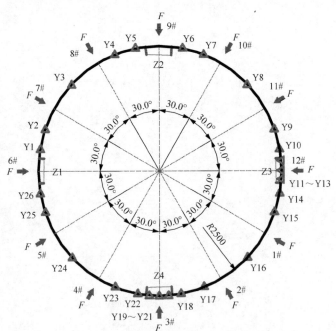

图 5.37　工字钢拱架应变监测布置示意图

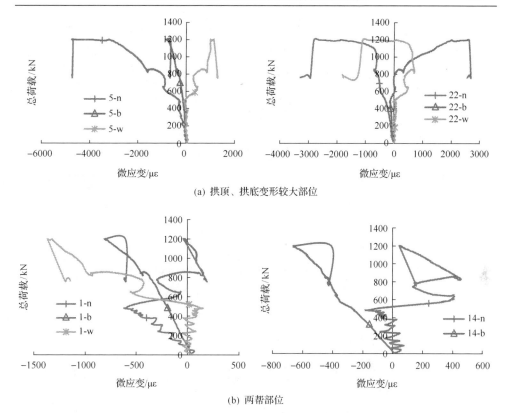

(a) 拱顶、拱底变形较大部位

(b) 两帮部位

图 5.38   拱架不同部位钢材的荷载-应变曲线

应变监测曲线，图中"5-n、5-b、5-w"中的 5 表示图 5.37 的 5 号应变监测点，n 表示拱架内侧的应变花(b 代表边侧，w 代表外侧)，1 表示拱架轴向方向的应变，其余类推。分析图 5.38 可得如下结论。

(1) 整个拱架 26 个监测位置仅有 Y5 和 Y22 两个位置微应变超过 3000，可见工字钢拱架试验加载破坏过程中并未发生严重的强度破坏，破坏形式为失稳破坏。

(2) Y22 为距离拱架变形最大位置的最近测点，其微应变大小超过 3000，钢材进入屈服阶段，Y5 测点微应变接近 5000，为应变最大测点。

(3) Y1 测点微应变小于 1500，Y14 测点微应变小于 800，其他位置微应变也均未超过 3000，说明钢材破坏不明显。

5.2.5   U36-P 拱架试验及结果分析

1. 变形破坏分析

1) 拱架变形过程及形态

U36-P 拱架偏压试验持续 1311s，加载时垂直荷载为水平荷载的 1.5 倍，试验开始后拱架变形随时间均匀增大，到 1010s 左右时变形速度开始加快，拱架整体由圆形变为椭圆形，1305s 时拱架 3#加载位置突然发生屈曲破坏，整个拱架承载能力急剧下降。12#和 1#之间位置向外弯曲较为严重，3#位置向内弯曲，两个位置均产生了较为明显的强度破坏。

图 5.39 和图 5.40 为试验前后拱架的变形破坏形态，图 5.41 为数值试验得到的应力云图。

由图 5.41 可知，拱架最大有效应力为 440.9MPa，应力最大部位主要集中在拱顶、拱底和两帮位置。

2) 拱架局部破坏分析

拱架局部破坏情况如图 5.42 所示。

(1) 局部破坏比较严重部位主要位于 3#和 12#位置，尤其是 3#位置发生的平面外屈曲破坏导致拱架整体性被破坏，拱架的承载力急剧下降。

(2) 拱架在 12#位置出现外弯破坏，虽然未出现 3#位置的平面外屈曲破坏，但该位置截面开口由于受弯曲力作用两边外扩 18mm。

(a) 试验前

(b) 加载完成

图 5.39　拱架失稳破坏形态

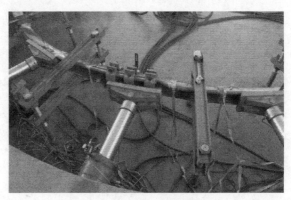

图 5.40　拱架顶部变形

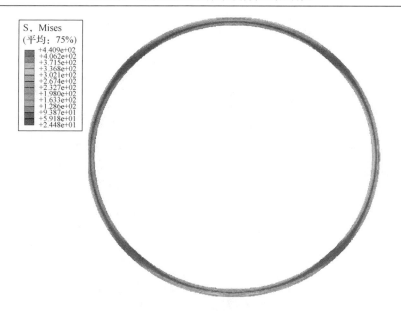

图 5.41　数值试验应力云图

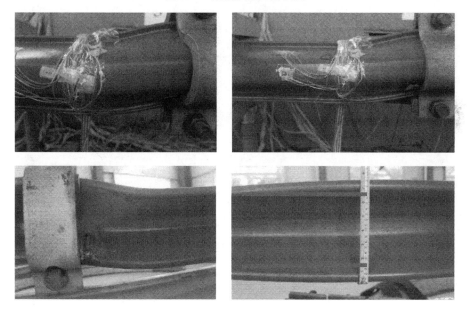

图 5.42　拱架局部破坏情况

2. 承载能力分析

图 5.43 为拱架的总荷载-时间曲线，图 5.44 为分荷载-时间曲线，图 5.45 为荷载位移测点单个油缸的分荷载-位移曲线，图 5.46 为数值试验得到的总荷载-拱顶

位移曲线。

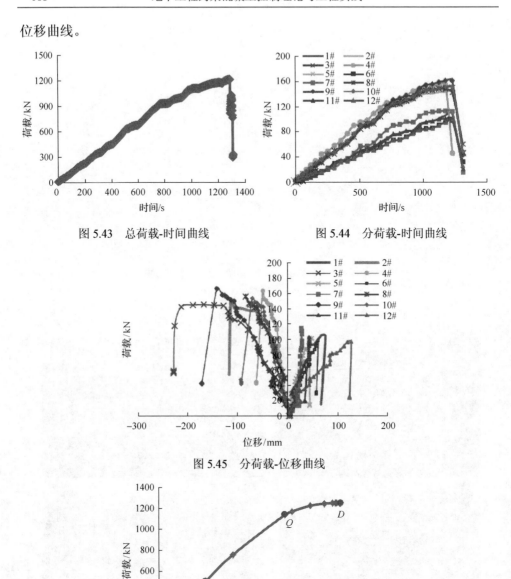

图 5.43　总荷载-时间曲线　　　　　　图 5.44　分荷载-时间曲线

图 5.45　分荷载-位移曲线

图 5.46　数值试验总荷载-拱顶位移曲线

通过对整个试验过程的观察总结，结合图 5.39 和图 5.40，分析荷载-时间和荷载-位移曲线可知：

(1)由图 5.44 可知，在拱架达到屈服强度之前，两组油缸的荷载保持了较好的加载比例和同步性，且各组油缸在达到预定荷载后稳压效果良好，很好地满足了本次试验偏压加载的要求；

(2)在偏压作用下，U36-P 圆形拱架室内试验极限承载力 F_e=1198.4kN，数值试验极限承载力 F_n=1254.2kN，两者差异率仅为 4.7%，数值试验和室内试验无论变形形态还是承载力结果都具有很好的一致性；

(3)2#、3#、4#和 8#、9#、10#测点位移为负，说明油缸外伸，相应位置拱架内凹，11#、12#、1#和 5#、6#、7#测点位移为正，说明油缸内缩，即相应位置拱架外凸，这是由于模拟现场，垂直应力相对于水平应力较大；

(4)由图 5.45 可知，各油缸推进距离与出力大小比值基本保持不变。3#、9#、6#、12#测点荷载-位移曲线整体斜率较大，说明拱架这些位置变形速度较快，这和拱架呈 3#、9#方向内挤，6#、12#方向外凸的椭圆形变形现象一致；

(5)由图 5.45 可知，3#位置拱架变形最大。在拱架达到极限承载力之前，12个测点里 3#变形最大，达到极限承载力后该位置变形迅速增大，平面内变形接近250mm，拱架达到极限承载力后的 6s 内变形 130mm，拱架迅速破坏；

(6)由图 5.46 可知，拱架破坏经历了线弹性(OA)-塑性(AQ)-屈服(QD)三个阶段。在 OA 阶段拱顶位移与荷载呈线性关系，随荷载增加拱架均匀缓慢变形，在 A 点(51.2mm，505kN)拱架进入塑性变形，到 Q 点(136.6mm，1137.6kN)时拱架开始屈服，荷载上升速度大幅度减小，拱架变形速度迅速加快。

3. 拱架钢材应变数据分析

图 5.47 为拱架上各点轴向应变监测曲线,应变监测布置与上节 I22b 工字钢拱架相同,分析图 5.47 可得如下结论。

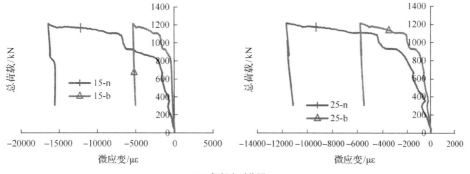

(a) 帮部水平位置

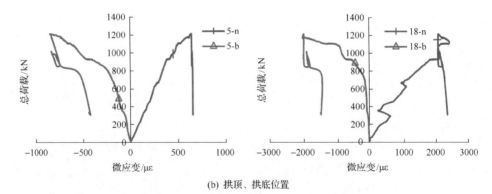

(b) 拱顶、拱底位置

图 5.47　拱架不同部位钢材的荷载-应变曲线

(1)帮部 Y15 测点为应变最大测点，其内侧微应变超过 15000，相应 Y25 测点的内侧微应变达到 10000，说明两帮部分位置均发生屈曲破坏，钢材达到屈服，拱架发生强度破坏。

(2)由图 5.47(b)可知，Y5 测点的微应变未超过 1000，钢材仍在弹性范围之内，Y18 监测点微应变大小接近 3000，钢材达到屈服，拱顶和拱底位置钢材破坏不明显。

(3)在拱架变形破坏过程中，两帮破坏较为严重，应变最大部位在帮部位置；拱肩及其对称部位钢材基本在弹性范围内，钢材破坏不明显。

5.2.6　SQCC150×8-C40-J 拱架试验及结果分析

1. 变形与承载能力分析

对 SQCC150×8-C40-J 拱架进行了均布加载室内试验，由于试验系统力学传感器的限制本次试验未能对拱架造成破坏，因此结合数值试验对结果进行分析。

图 5.48 为试验后拱架整体变形形态，图 5.49 为拱架数值试验变形应力云图，图 5.50～图 5.53 为拱架荷载-时间和荷载-位移曲线。

图 5.48　拱架试验破坏形态

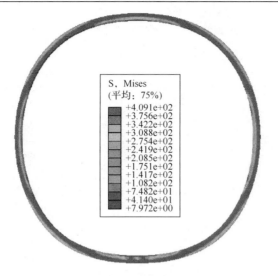

图 5.49　数值试验拱架应力云图

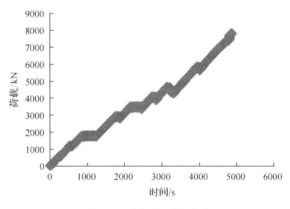

图 5.50　总荷载-时间曲线

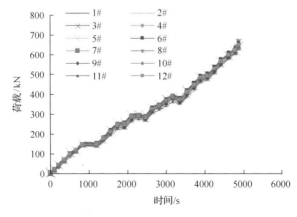

图 5.51　分荷载-时间曲线

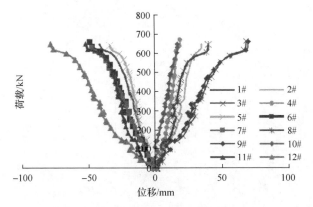

图 5.52　分荷载-位移曲线图

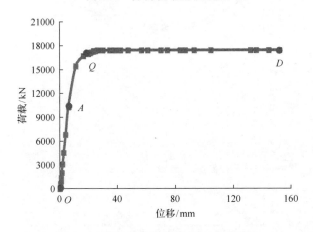

图 5.53　数值试验总荷载-拱顶位移曲线

SQCC150×8-C40 拱架试验持续 4872s 左右，整个试验过程拱架未发生明显变形。由图 5.50 可知，整个试验过程拱架荷载达到 7809kN，没有下降的趋势；由图 5.53 数值试验总荷载-拱顶位移曲线可知，拱架极限承载力 F_n=17434kN，室内试验仅加载到拱架极限承载力的 44.79%。

由图 5.50 和图 5.51 可知，荷载-时间曲线均呈现阶梯状上升，这是由于在加载过程中对油缸进行了保压设置；通过分荷载-位移曲线可以看出，12 个油缸加载大小及速度具有很好的一致性，满足了拱架均布加载的要求。

拱架在室内试验中已经具有了向椭圆变形的趋势，11#、12#、1#、5#、6#、7#六个油缸外伸，其余六个油缸内缩。最大位移为 12#油缸，变形达到 78.4mm，9#油缸达到 69.4mm。

由图 5.52 可知，拱架破坏经历了线弹性(OA)-塑性(AQ)-屈服(QD)三个阶段。在 OA 阶段拱顶位移与荷载呈线性关系，随荷载增加拱架均匀缓慢变形，在 A 点

(6.2mm，10262kN)拱架进入塑性变形，到 Q 点(16.1mm，16678kN)时拱架开始屈服，荷载上升速度大幅度减小，拱架变形速度迅速加快。

2. 拱架钢材应变数据分析

图 5.54 为拱架上各点轴向应变监测曲线，应变监测布置与 SQCC150×8 拱架偏压试验相同，通过分析可得如下结论。

(1)选取均匀分布在拱架上的应变监测点 Y3、Y9、Y16 和 Y21，由图 5.54 可知，最大应变监测点为 Y3，其微应变达到 7820；Y9 测点微应变达到 2739，Y21 测点微应变达到 4873，钢材达到了塑性状态；Y16 测点微应变未超过 1500，钢材处于弹性范围内。

(2)由图 5.54 可知，荷载与应变总体呈线性变化，未出现 SQCC150×8 拱架在偏压作用下荷载-应变曲线中出现的较明显的水平和下降阶段，说明试验结束时拱架未被破坏，钢材均处于弹性范围内。

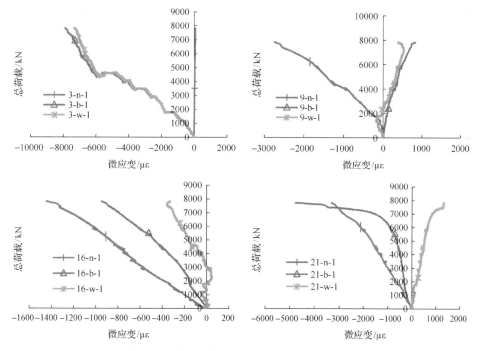

图 5.54 拱架不同部位钢材的荷载-应变曲线

3. 拱架内力分析

图 5.55 和图 5.56 为通过数值试验得到的拱架内力分布图和内力随位置变化曲线。

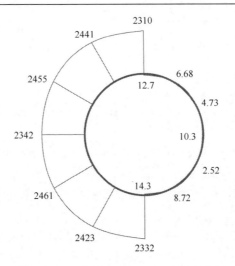

图 5.55　拱架内力分布(左侧为轴力/kN，右侧为弯矩/(kN·m))

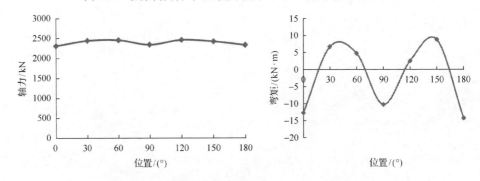

图 5.56　拱架轴力和弯矩随角度(拱顶为 0°)变化曲线

　　通过轴力、弯矩图分析可知：拱架所受轴力在分布较为均匀，轴力最大与最小值仅相差 6.1%，轴力平均值为 2394.8kN，十分接近 SQCC150×8 构件屈服荷载 2685kN，平均轴力达到轴压极限荷载的 89.1%。

　　拱架所受弯矩较小，最大弯矩为 14.3kN·m，仅为构件极限弯矩的 14.2%；在 0°～30°、60°～90°、90°～120°、150°～180°四个范围之间存在弯矩为 0 的部位。通过拱架内力分析可知，SQCC150×8-C40 圆形拱架在均压作用下的失稳破坏基本由轴力造成，弯矩作用很小。

5.2.7　CC159×10-C40-J 拱架试验及结果分析

　　1. 变形与承载能力分析

　　图 5.57 为试验后拱架整体变形形态，图 5.58 为拱架数值试验变形应力云图，图 5.59～图 5.62 为拱架荷载-时间和荷载-位移曲线。

图 5.57　拱架试验破坏形态

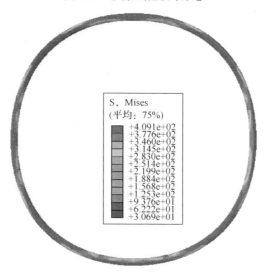

图 5.58　数值试验拱架应力云图

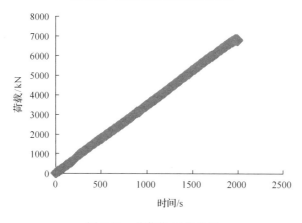

图 5.59　总荷载-时间曲线

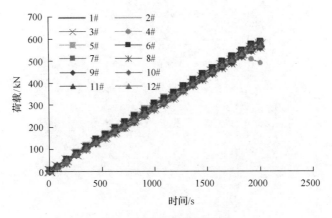

图 5.60　分荷载-时间曲线

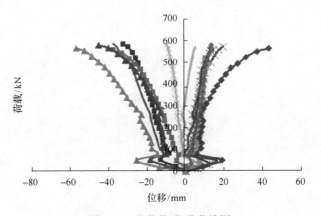

图 5.61　分荷载-位移曲线图

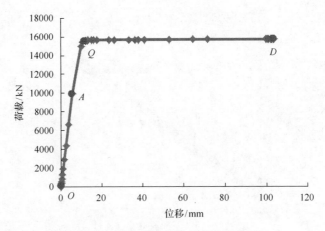

图 5.62　数值试验荷载-拱顶位移曲线

CC159×10-C40-J 拱架试验持续 2000s 左右,整个试验过程拱架未发生明显变形。由图 5.59 可知,试验结束时拱架荷载达到 6846.1kN,没有下降的趋势;通过图 5.62 数值试验荷载-位移曲线得到拱架极限承载力为 15698kN,室内试验仅加载到拱架极限承载力的 43.6%。

如图 5.60 所示,为减少油泵工作时间,保证足够加载时间,不进行油缸保压,因此荷载-时间曲线均呈现较为规则直线;12 个油缸加载大小及速度具有很好的一致性,满足了拱架的均布加载要求。

由图 5.61 可知,在室内试验中拱架已经具有了向椭圆变形的趋势,11#、12#、1#、5#、6#、7#六个油缸外伸,其余六个油缸内缩。最大位移部位处于 12#油缸位置,变形达到 53.1mm,9#油缸达到 41.2mm。

由图 5.62 可知,拱架破坏经历了线弹性(OA)-塑性(AQ)-屈服(QD)三个阶段。在 OA 阶段拱顶位移与荷载呈线性关系,随荷载增加拱架均匀缓慢变形,在 A 点(5.8mm,9981kN)拱架进入塑性变形,到 Q 点(10.0mm,14974kN)时拱架开始屈服,荷载上升速度大幅度减小,拱架变形速度快速增加。

2. 拱架钢材应变数据分析

图 5.63 为拱架上各点轴向应变监测曲线图,应变监测布置与 SQCC150×8-C40 拱架相同,由图 5.63 可得如下结论。

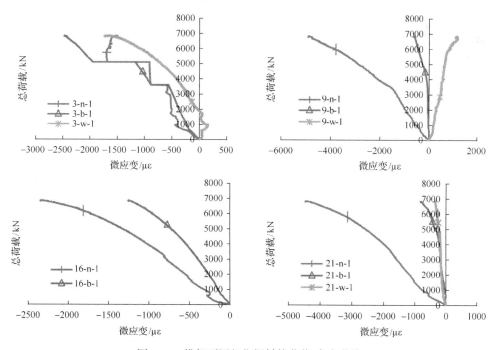

图 5.63　拱架不同部位钢材的荷载-应变曲线

(1)选取均匀分布在拱架上的应变监测点 Y3、Y9、Y16 和 Y21，由图 5.63 可知，最大应变监测点为 Y9，其微应变达到 5006；Y9、Y16 和 Y21 测点微应变均超过或接近 2500，钢材进入了塑性状态。

(2)从拱架荷载-应变曲线中可以看出，应变与荷载总体呈线性变化，未出现 CC159×10-C40 拱架在偏压作用下荷载-应变曲线中出现的较明显的水平和下降阶段，说明试验结束时拱架未屈服破坏。

3. 拱架内力分析

图 5.64 和图 5.65 为通过数值试验得到的拱架内力分布图和内力随位置变化曲线。

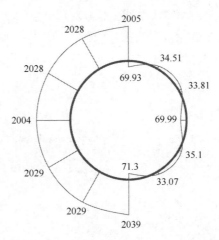

图 5.64　拱架内力分布(左侧为轴力/kN，右侧为弯矩/(kN·m))

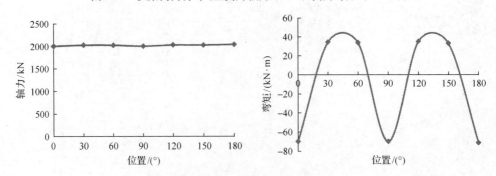

图 5.65　拱架轴力和弯矩随角度(拱顶为 0°)变化曲线

通过轴力、弯矩图分析可得：拱架所受轴力在整个拱架分布较为均匀，轴力最大值与最小值仅相差 1.7%，轴力平均值为 2023.1kN，十分接近 CC159×10 构件理论轴压极限荷载 2074.8kN，平均轴力达到极限荷载的 97.5%。

拱架所受最大弯矩为 71.3kN·m，超过了 CC159×10-C40 构件理论计算极限弯矩 65.8kN·m，0°、90°、180°三个位置弯矩基本相同；0°～30°、60°～90°、90°～120°、150°～180°四个范围之间均存在弯矩为 0 的部位；通过拱架内力分析可知，CC 圆形拱架在均压作用下受压弯组合作用破坏。

5.2.8　圆形拱架试验结果对比分析

1. 承载能力对比分析

表 5.4 为圆形拱架室内试验和数值试验的极限承载力结果归纳统计，图 5.66 为不同类型拱架在偏压作用下的极限承载力柱状图，图 5.67 为不同类型拱架在均压和偏压作用下的极限承载力对比柱状图。

表 5.4　圆形拱架极限承载力统计

试验序号	拱架型号	荷载类型	极限承载力		
			室内试验/kN	数值试验/kN	差异率/%
1	SQCC150×8-C40-P	偏压	2096.4	2234.3	6.6
2	CC159×10-C40-P	偏压	2003.2	1820.7	9.1
3	I22b-P	偏压	1217.3	1105.4	9.2
4	U36-P	偏压	1198.4	1254.2	4.7
5	SQCC150×8-C40-J	均压	—	17434	—
6	CC159×10-C40-J	均压	—	15698	—
7	I22b-J	均压	—	3420.5	—
8	U36-J	均压	—	3388.8	—

注：偏压表示垂直荷载/水平荷载=1.5。

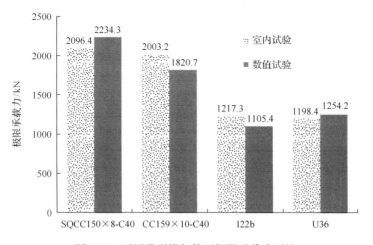

图 5.66　不同类型拱架偏压极限承载力对比

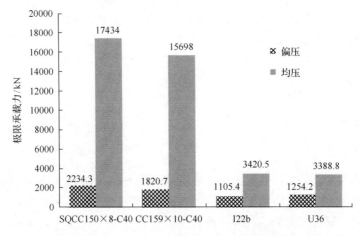

图 5.67 不同类型拱架均压、偏压承载力对比

(1)由表5.4可知,拱架室内试验与数值试验极限承载能力最大差异率仅为9.2%,验证了数值试验的正确性,利用数值试验可以对拱架力学性能进行高效分析,对约束混凝土拱架、工字钢、U型钢拱架在均布加载情况下的承载能力计算合理可行。

(2)对比不同类型拱架在均压和偏压作用下的承载能力可知,SQCC150×8-C40拱架、CC159×10-C40拱架、I22b工字钢拱架、U36拱架在均压作用下的承载能力分别为在偏压作用下的7.8倍、8.6倍、3.1倍和2.7倍。

(3)截面含钢量相同的 SQCC150×8-C40 拱架在偏压作用下的极限承载力比CC159×10-C40拱架、I22b工字钢拱架、U36拱架分别高4.6%、72.2%和74.9%;在均压作用下的极限承载力分别高11.1%、409.8%和414.5%。相比于型钢拱架,方钢约束混凝土拱架承载性能有了很大程度提高。

(4)SQCC150×8-C40拱架在均压和偏压作用下的极限承载能力比CC159×10-C40拱架分别提高 22.7%和 11.1%,而且方钢约束混凝土拱架与混凝土喷层结合性更好,拱架各节更容易连接,同时,方钢约束混凝土抗弯性能以及稳定性能更好,在地下工程中更具有适用性。

2. 试验小结及工程建议

(1)通过圆形拱架全比尺试验可知,约束混凝土拱架极限承载力比型钢拱架有了较大程度的提高,对围岩具有很高的径向支护反力,在自身强度提高的同时更好的发挥了围岩的自承能力。

(2)通过约束混凝土拱架试验的变形破坏情况以及应变结果可知,拱架的关键破坏部位为拱顶、拱底和左右两帮,在实际应用过程中,拱架节点应避开这些位置。

(3)通过拱架内力分析可知,在垂压比较大的情况下,拱架主要受弯矩影响破坏,在现场应用中为减少弯矩影响,可通过在拱架间安设拉杆进行纵向连接或在拱架与锚杆(索)之间布置预应力钢绞线等措施,增加拱架的受力支点,减小拱架所受弯矩。

(4)拱架应变从微观上分析了拱架变形破坏部位及破坏程度,拱架在最终破坏时大部分位置钢材仍处于弹性阶段,拱顶、拱底及两帮等关键破坏部位达到塑性阶段,关键破坏部位内、外侧应变较大;现场中在拱架内侧和外侧进行补强的效果比边侧好,考虑到施工方便建议在关键破坏部位内侧焊设护板或钢筋进行加强,能够起到很好的补强效果。

5.2.9　SQCC 圆形拱架承载特性影响因素及其规律分析

为研究 SQCC 拱架力学性能的影响因素及规律,对不同强度等级核心混凝土、不同钢管壁厚以及不同垂压比的 SQCC 拱架进行数值试验,针对混凝土强度、钢管壁厚和垂压比 3 种因素对拱架力学性能的影响规律进行研究。

1. 核心混凝土强度影响规律

对不同强度等级核心混凝土的 SQCC150×8 拱架极限承载力进行统计,如表 5.5 和图 5.68 所示。

表 5.5　不同核心混凝土强度拱架承载力统计表

序号	拱架类型	极限承载力/kN	提高率/%
1	SQCC150×8-C30	2180.1	0
2	SQCC150×8-C40	2238.9	2.63
3	SQCC150×8-C50	2288.7	4.75
4	SQCC150×8-C60	2331.3	6.49
5	SQCC150×8-C70	2370.2	8.02

由表 5.5 可知:

(1)SQCC150×8 拱架极限承载力随混凝土强度等级的提高而增大,灌注 C40~C70 核心混凝土的拱架相比于灌注 C30 混凝土的拱架极限承载力提高了 2.63%~8.02%,方钢约束混凝土拱架的力学性能得到了小幅度的提升;

(2)核心混凝土强度等级对 SQCC 拱架极限承载力的影响并非十分显著,SQCC150×8-C70 拱架比 SQCC150×8-C30 拱架极限承载力仅提高 8.02%。

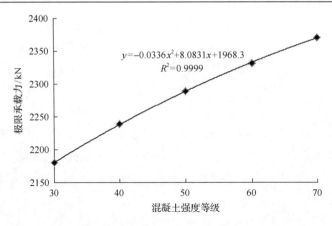

图 5.68　拱架极限承载力-核心混凝土强度曲线

由图 5.68 可知，随着核心混凝土强度等级的提高，SQCC150×8 拱架极限承载力逐渐增强，但承载力提高率明显降低。拟合得到了拱架极限承载力 F_n 与核心混凝土强度 $f_{cu,k}$ 的关系公式：

$$F_n = -0.0336f_{cu,k}^2 + 8.0831f_{cu,k} + 1968.3 \tag{5.1}$$

其中，$30 \leqslant f_{cu,k} \leqslant 70$，拟合度 $R^2 = 0.9999$。

2. 钢管壁厚影响规律

对不同钢管壁厚的 SQCC 拱架在 1.5 倍垂压比作用下的极限承载力进行统计，如表 5.6 和图 5.69 所示。

表 5.6　不同壁厚拱架承载力统计表

序号	拱架类型	极限承载力/kN	提高率/%
1	SQCC150×7-C40	2012.9	0
2	SQCC150×8-C40	2234.1	9.90
3	SQCC150×9-C40	2455.2	18.01
4	SQCC150×10-C40	2666.8	24.52
5	SQCC150×11-C40	2966.8	32.15

由表 5.6 可知：

(1) 方钢管截面边长不变，随着钢管壁厚的增加拱架极限承载力逐渐增大，壁厚为 8～11mm 的拱架极限承载力比壁厚为 7mm 时提高了 9.9%～32.15%。

(2) 钢管壁厚对拱架极限承载力影响显著，SQCC150×11-C40 拱架比 SQCC150×7-C40 拱架极限承载力提高了 32.15%。

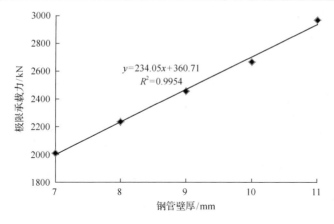

图 5.69　拱架极限承载力-壁厚曲线

由图 5.69 可知，SQCC150×C40 拱架极限承载力随着钢管壁厚的增加基本呈线性提高，拟合得到了拱架极限承载力 F_n 与钢管壁厚 t 的关系公式：

$$F_n = 234.05t + 360.71 \qquad (5.2)$$

其中，7mm≤t≤11mm，拟合度 R^2=0.9954。

3. 垂压比影响规律

对不同垂压比作用下的 SQCC150×8 拱架极限承载力结果进行统计，如表 5.7 和图 5.70 所示。

表 5.7　不同垂压比拱架承载力统计表

序号	垂压比	极限承载力/kN	降低率/%
1	1.3	3162.3	0
2	1.4	2567.4	18.81
3	1.5	2234.1	29.35
4	1.6	2012.4	36.36
5	1.7	1845.8	41.63

由表 5.7 可知：

(1) SQCC150×8 拱架极限承载力随着垂压比的增大而减小，相比 λ=1.3，垂压比 λ=1.4~1.7 时拱架极限承载力降低了 18.81%~41.63%；

(2) 垂压比对 SQCC150×8 拱架极限承载力影响十分显著，λ=1.7 时拱架极限承载力比 λ=1.3 时降低了 41.63%。

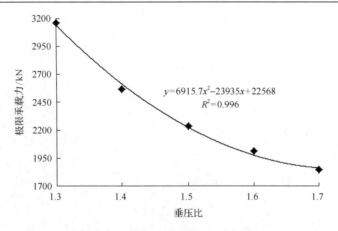

图 5.70　拱架极限承载力-垂压比曲线

由图 5.70 可知，SQCC150×8-C40 拱架极限承载力随着垂压比的增大而减小，但降低率逐渐减小，拟合得到了拱架极限承载力 F_n 与垂压比 λ 的关系公式：

$$F_n=6915.7\lambda^2-23935\lambda+22568 \tag{5.3}$$

式中，$1.3 \leqslant \lambda \leqslant 1.7$，拟合度 $R^2=0.996$。

5.3　三心拱架承载特性室内试验

5.3.1　试验方案

1. 试验目的及试验对象

掌握约束混凝土三心拱架在均压、偏压作用下的受力、变形及破坏特征，分析其荷载与位移、钢材应变、内力分布等的作用规律，验证拱架计算理论的正确性，结合数值试验研究拱架在不同荷载作用模式、不同钢管尺寸、不同核心混凝土强度等影响因素下的承载特性。三心试验拱架统计表如表 5.8 所示。

表 5.8　三心试验拱架统计表

试验序号	试件编号	试验对象	荷载类型	灌注混凝土标号
1	SQCC150×8-C40-J 试件	方钢约束混凝土拱架	均压	C40
2	SQCC150×8-C40-BF-J 试件	方钢约束混凝土拱架	均压	C40
3	SQCC150×8-C40-BF-P 试件	方钢约束混凝土拱架	偏压	C40
4	I22b-BF-P 试件	工字钢拱架	偏压	

注：SQCC150×8-C40-BF-J(P)中 BF 代表没有对拱底加载油缸提供油压使其主动加载，但可以提供被动反作用力，并进行压力采集；J 代表其他油缸以相同荷载对拱架进行加载，P 代表竖向垂直加载和横向水平加载不相同，以一定比例加载。

2. 加载方案

如图 5.71 所示，试验加载油缸采用 1#、2#、3#、5#、6#、7#、9#、10#、11#、12#十个油缸。

(1)均布加载：10 个油缸荷载相同。

(2)底拱约束均布加载：底拱 5#、6#、7#油缸不主动加载(但可以被动提供反力，并采集荷载)，其余 7 个油缸均布加载。

(3)底拱约束偏压加载：底拱 5#、6#、7#油缸不主动加载(但可以被动提供反力，并采集荷载)，顶压(1#、11#、12#三个油缸)/侧压(2#、3#、9#、10#)=3/2，顶部每个油缸荷载均为两侧油缸的 1.5 倍。

(4)加载速率及保压时间：采用分级加载，荷载小于预计极限荷载的 90%时，加载速率为 10kN/min，每 30kN 保压 0.5min；当荷载超过预计极限荷载的 90%时，加载速率降至 5kN/min，每 10kN 保压 0.5min；偏压加载时采用相同设置。

(5)停止加载标准：采用单调加压的方式加载，直至试件破坏。过程中时刻观察试件破坏情况，直至试件整体进入屈服状态或产生明显破坏。

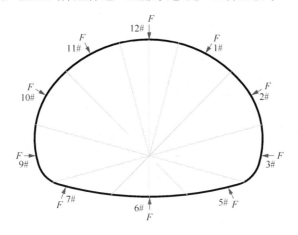

图 5.71　三心拱架加载示意图

3. 试验拱架加工组装

1)拱架尺寸

基于龙鼎隧道现场断面尺寸，对试验拱架进行 4∶1 缩尺，缩尺后拱架形状尺寸如图 5.72 所示，拱架为 SQCC150×8-C40 和 I22b 工字钢。

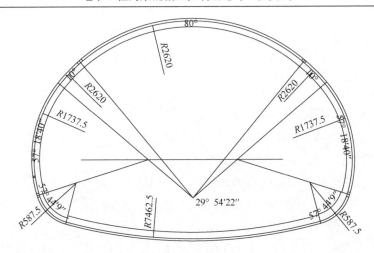

图 5.72　三心拱架尺寸示意图

2)试件加工、养护

试件在加工厂按照要求加工成型，方钢约束混凝土拱架在灌注核心混凝土时注意振捣密实，灌注后做好试件的养护，28 天以后进行拱架试验。灌注拱架混凝土的同时，将同批次的混凝土做成抗压强度标准试件，检测混凝土强度等级是否符合要求。图 5.73 为加工完成的三心拱架试件。

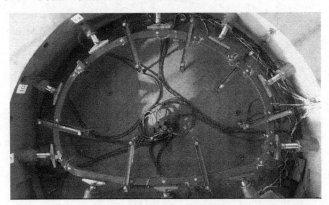

图 5.73　约束混凝土三心拱架

4. 监测采集

为有效监测和采集拱架试验过程中的受力、变形情况，按照图 5.74 所示位置布置监测点，Y1～Y12 为应变监测点，每个测点在拱架的内、外、边侧布置电阻应变片，1#～3#、5#～7#、9#～12#表示径向受力监测和位移监测，同时也是荷载加载点，具体监测信息见表 5.9。

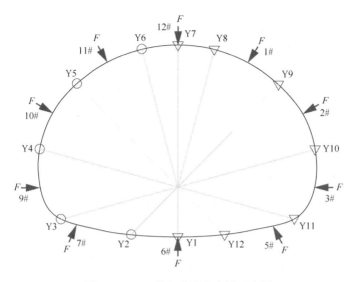

图 5.74 三心拱架监测点布设示意图

表 5.9 三心拱架监测项目统计表

监测内容	监测元件	数量	采集单元	采样频率/s	编号
径向受力监测	轮辐式测力传感器 60t	10 个	订制采集模块	1	1#～3#
径向位移监测	拉线式位移传感器 1000mm	10 个	订制采集模块	1	5#～7# 9#～12#
钢材应变监测	应变片 120-3CA	12 个测点 36 片	静态电阻应变仪	2	Y1～Y12

5. 数值试验方案

为与拱架的室内试验结论相互验证，补充没有进行拱架室内力学试验，同时完善室内试验中部分无法有效采集的试验数据(如拱架轴力、弯矩、混凝土应力)，进行本部分数值试验研究。

试验主要针对 SQCC150×8-C40 拱架、SQCC180×10-C40 拱架、I22b 工字钢拱架、H200×200 型钢拱架、I22b-C25 拱架、H200×200-C25 拱架 6 种拱架在室内试验尺寸下开展数值试验，加载方式分为与室内试验相同的三种加载方式，如表 5.10 所示。其中为与现场实际对比，I22b-C25 与 H200×200-C25 代表在型钢翼缘之间充填 C25 混凝土，模拟喷射混凝土与型钢拱架的相互作用。

采用 AutoCAD 建立拱架三维立体模型，作为部件导入 ABAQUS 中，然后进行装配并划分网格。网格划分钢管和混凝土均采用减缩积分格式的六面体单元，单元类型选取 C3D8R，材料参数与第 3 章数值试验确定的材料参数相同。

表 5.10　数值试验方案

序号	拱架形式	数值试验
1		均压试验
2	SQCC150×8-C40	均压试验(底拱约束)
3		偏压试验(底拱约束)
4		均压试验
5	SQCC180×10-C40	均压试验(底拱约束)
6		偏压试验(底拱约束)
7		均压试验
8	I22b	均压试验(底拱约束)
9		偏压试验(底拱约束)
10		均压试验
11	I22b-C25	均压试验(底拱约束)
12		偏压试验(底拱约束)
13		均压试验
14	H200×200	均压试验(底拱约束)
15		偏压试验(底拱约束)
16		均压试验
17	H200×200-C25	均压试验(底拱约束)
18		偏压试验(底拱约束)

数值试验模型边界条件为:

(1)均布加载:固定拱底中线一个面,在拱架外围施加压强,荷载方向与加载面垂直。

(2)底拱约束均布加载:模拟室内试验,底部固定三个垫块,与拱架接触,对拱架起支撑作用,其余部分均布加载。

(3)底拱约束偏压加载:模拟室内试验,底部固定三个垫块,与拱架接触,对拱架起支撑作用,其余部分分别按比例施加水平荷载和垂直荷载。

拱架数值模型如图 5.75 所示。

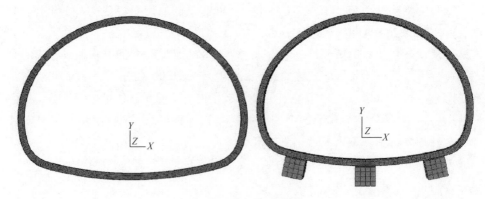

图 5.75　拱架数值模型

5.3.2　SQCC150×8-C40-J 拱架试验及结果分析

1. 拱架变形破坏分析

1) 拱架整体变形过程及形态

试验拱架编号为 SQCC150×8-C40-J，试验共用时 1397s，试验过程 10 个加载油缸均匀施加荷载，试验开始后拱架匀速变形，变形速度较慢，拱底变形速度最大，841s 时，拱架开始屈服，尤其是拱底变形速度加快，6#油缸推进速度明显快于其他油缸，拱架除拱底外其他部位变形不明显；1191s 时拱底变形更加明显，速度加快，此时拱底基本压平；到 1397s 试验停止，拱底已经向拱架内部凹陷，拱底变形最大，其他部位变形不明显，拱架整体变为倒"心"形。图 5.76(a)、(b)为拱架变形前后形态对比，图 5.76(c)为拱底内凹情况。数值试验拱架应力云图如图 5.77 所示。

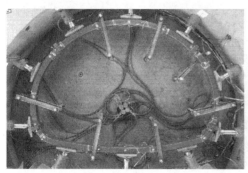
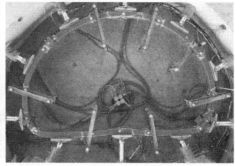

(a) 试验前　　　　　　　　　　　　　　　　(b) 加载完成

(c) 拱底变形

图 5.76　SQCC150×8-C40-J 试验拱架破坏形态

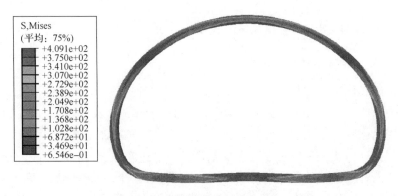

图 5.77　数值试验拱架应力云图

2）数值试验拱架变形形态

通过数值试验得到的拱架变形形态与室内试验基本一致，拱底变形最为明显，在底部荷载的作用下向拱底内凹陷，其他部位变形不明显，拱架整体变为倒"心"形。室内试验和数值试验表明，三心拱架在均布荷载作用下，帮部和顶部基本不变形，底拱在荷载作用下产生大变形，使得拱架整体性被破坏。

3）局部变形形态

拱架局部破坏比较明显部位主要在拱底，拱底中部向拱架内凹陷如图 5.78（b）所示，两侧发生轻微褶区现象如图 5.78（c）所示，端部靠近法兰转角较大处发生漆皮剥离现象，如图 5.78（d）所示。拱架除底拱外，其他部位均未产生明显变形。

2. 拱架承载能力分析

图 5.79～图 5.82 为试验得到的荷载-时间和荷载-位移曲线。

(a) 拱架整体变形

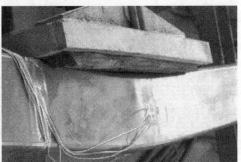

(b) 底拱中部局部凹陷

 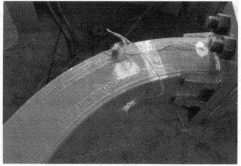

(c) 底拱侧边轻微褶区　　　　　　(d) 底拱端部漆皮剥离

图 5.78　SQCC150×8-C40-P 拱架强度破坏情况

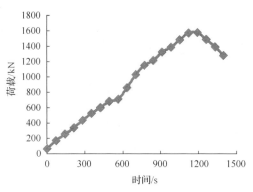 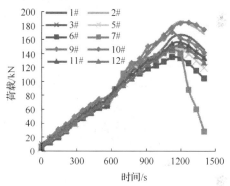

图 5.79　总荷载-时间曲线　　　　　图 5.80　每个油缸的荷载-时间曲线

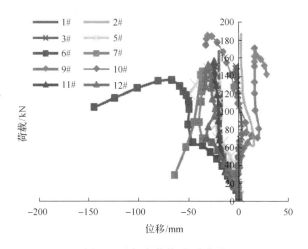

图 5.81　径向荷载-位移曲线

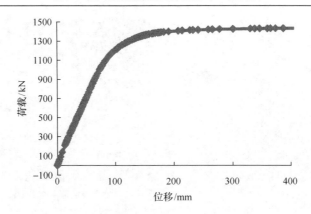

图 5.82　数值试验总荷载-拱顶位移曲线

通过对整个试验过程的观察总结，结合图 5.76 和图 5.77，分析荷载-位移曲线可知：

(1)在整个试验过程中，10 个均布加载油缸荷载保持了较好的同步性；各组油缸在达到预定荷载后稳压效果良好，很好地满足了本次试验均布加载的要求；

(2)在该加载方案下，拱架整体极限承载能力 F_e=1576.1kN；拱架在试验进行到 841s，承载 1213.9kN 时发生了屈曲现象，变形加快，荷载增加速率减缓；

(3)拱架最终破坏时，2#、9#油缸少量内缩，最大内缩位移 28mm，其余油缸均外伸，说明拱架底部严重破坏而整体变形较小；12#油缸位移只有 32mm，6#油缸位移(148mm)为外伸位移最大油缸，说明拱架由于底拱破坏导致整体性破坏，而此时整体荷载尚未对拱顶和帮部等其他位置造成破坏；

(4)数值试验中拱架极限承载能力 F_n=1434.7kN，与室内试验差异率为 8.9%，理论计算极限承载力 F_t=1496.4kN，与室内试验差异率为 5.3%，与数值试验差异率仅为 4.3%，三者无论是变形形态还是承载力结果都具有很好的一致性，验证了数值试验和理论计算的正确性。

3. 钢材应变数据分析

图 5.83 为拱架不同部位的荷载-应变曲线，图中"5-N、5-B、5-W"中的 5 表示图 5.74 中的 5 号应变监测点，N 表示拱架内侧的应变花(B 代表边侧，W 代表外侧)，其余类推。

由图 5.83 监测数据分析可知：

(1)底拱两个测点 Y1、Y3 曲线特征明显不同于其他测点，Y1、Y3 曲线在拱架屈服前荷载随应变增大而增加，拱架屈服后荷载增速变小，拱架达到极限承载力后荷载开始降低，此时应变增速变快；其他测点在拱架承载 780kN 左右时，应变绝对值开始减小，当应变小于 0 以后 Y5、Y6 继续向与初始应变相反方向变化；

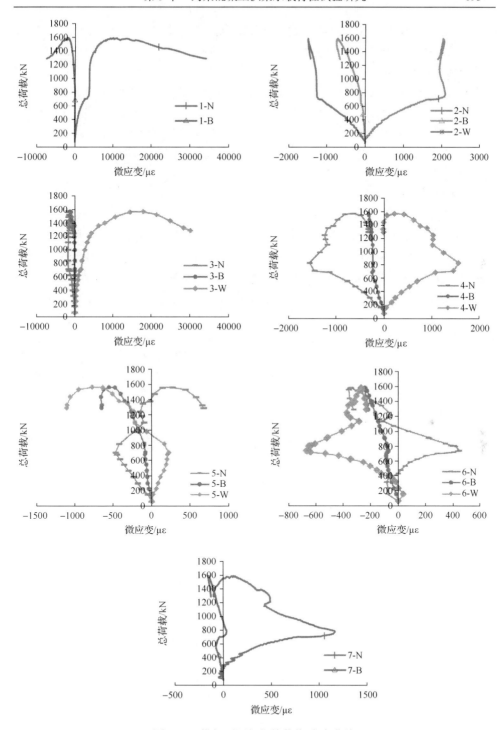

图 5.83　拱架不同部位的荷载-应变曲线

(2)Y1、Y3 应变最大，明显大于其他测点，是其他测点的 30～40 倍，Y1 微应变达到 34771，Y3 微应变达到 30006，同为底拱上的 Y2 微应变最大 2055，其他部位微应变均未超过 1500；

(3)应变监测可以看出，整个拱架除底拱外其他部位均在弹性变形范围内，拱架整体性破坏是由于底拱破坏造成的，其他部位尚未破坏。可见三心拱架在使用过程中，如果遇到底臌较为严重的情况及时铺设仰拱非常重要，底部可能成为拱架破坏的关键部位，使得顶部和帮部尚未破坏的拱架失去整体性，关键破坏部位的确定与针对性加强对拱架的设计极为重要。

4. 拱架内力分析

通过室内试验无法直接得到拱架所受轴力和弯矩等内力，因此通过数值试验对拱架内力进行分析，图 5.84 为通过数值试验和室内试验得到的拱架内力分布图，图 5.85 为数值试验得到的内力随位置变化曲线。

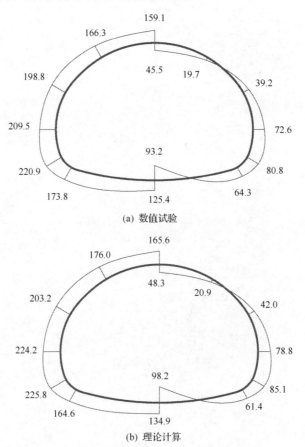

图 5.84 拱架内力分布(左侧为轴力/kN，右侧为弯矩/(kN·m))

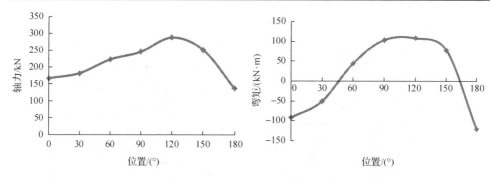

图 5.85　数值试验拱架轴力和弯矩随角度(拱顶为 0°)变化曲线

由图 5.84 可知，数值试验得到的轴力与室内试验最大差异率为 7.6%，最小差异率仅为 2.2%；弯矩的最大差异率为 8.5%，最小差异率仅为 4.7%，且内力分布具有很好的一致性，验证了拱架力学性能理论计算的正确性。

拱架受轴力最大部位在 120°拱脚位置，其承载力达到 288.1kN；轴力最小部位在拱底中部，承载力为 137.3kN。由第 3 章结论可知，SQCC150×8-C40 拱架所受轴力远未达到极限荷载 2685kN，拱脚轴力仅为极限荷载的 10.7%。轴力总体呈现先增大后减小的趋势，从拱顶 167.1kN 到拱脚基本呈现缓慢增加的趋势，从拱脚到拱底中部呈现快速减小的趋势。

拱顶和拱底弯矩为负，拱顶受使其向隧道内弯曲的弯矩，帮部弯矩为正，受使其向隧道外弯曲的弯矩。弯矩最大部位在拱底位置，为 120.4kN·m，拱肩部位和拱底边侧存在弯矩为 0 的位置，这也是在 5.2.2 节"拱架钢材应变数据分析"部分中 Y2 测点应变远远小于 Y1、Y3 的原因，Y2 更靠近弯矩为 0 的位置，轴力远未达到屈服，因此应变较小。由第 3 章结论可知，SQCC150×8-C40 构件极限弯矩为 100.2kN·m，可见帮部和底部相当大区域均超过了极限弯矩。通过拱架内力分析可知，拱架受压弯组合作用破坏，弯矩作用更加显著。

5.3.3　SQCC150×8-C40-BF-J 拱架试验及结果分析

1. 拱架变形破坏分析

1)拱架整体变形过程及形态

将底部 5#、6#、7#三个油缸紧靠拱架固定，在加载过程中不能主动外伸加载，但可以采集被动反作用力；其余 1#、2#、3#、9#、10#、11#、12#油缸以相同加载速度使得拱架受均布荷载作用；试验开始后拱架缓慢匀速变形，油缸推进较为均匀；随着荷载的继续升高，到 980s 左右时，拱架拱顶下沉，左右两侧外凸速度明显开始加快，拱架进入屈服状态；到 1240s 左右时，拱顶变形更加明显，拱底变平，拱架整体变扁平；到 1323s 试验结束，拱架的变形更加严重，位移最大部位出现在拱顶和两帮位置。图 5.86 为试验前后拱架的形态对比。

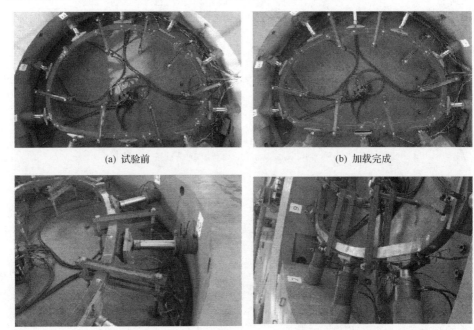

(a) 试验前　　　　　　　　　　　　　(b) 加载完成

(c) 拱顶变形　　　　　　　　　　　　(d) 拱底变形

图 5.86　SQCC150×8-C40-BF-J 试验拱架破坏形态

2) 数值试验拱架变形形态

通过数值试验得到的拱架变形形态与室内试验基本一致，拱架整体变扁平，拱顶部位出现下沉现象，位移最大，两帮向两侧变形，拱底中部与反力支撑脱离，拱底主要为两侧支撑受力，如图 5.87 所示。

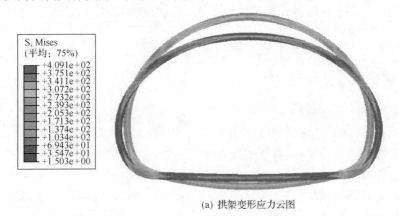

S, Mises
(平均: 75%)
　+4.091e+02
　+3.751e+02
　+3.411e+02
　+3.072e+02
　+2.732e+02
　+2.393e+02
　+2.053e+02
　+1.713e+02
　+1.374e+02
　+1.034e+02
　+6.943e+01
　+3.547e+01
　+1.503e+00

(a) 拱架变形应力云图

(b) 拱架变形位移云图

图 5.87　数值试验拱架应力云图及位移云图

3)局部变形形态

在拱架失稳后，变形持续增加的过程中，拱架部分位置表现出了强度破坏现象，如图 5.88 所示。试验结束后，拱架底脚部位出现了较为轻微的钢管鼓起现象，现象不明显；拱架其他位置未发生明显的强度破坏现象。

图 5.88　SQCC150×8-C40-P 拱架拱脚位置强度破坏情况

2. 拱架承载能力分析

图 5.89～图 5.92 为试验得到荷载-时间与荷载-位移曲线。

通过对整个试验过程的观察总结，结合图 5.86 和图 5.87 所示的拱架变形失稳过程及形态，分析荷载-位移曲线可知：

(1)在整个试验过程中，除 5#、6#、7#三个油缸没有进行加载控制以外，其余均布加载油缸荷载保持了较好的同步性；各组油缸在达到预定荷载后稳压效果良好，油缸很好地满足了本次试验均布加载的要求；

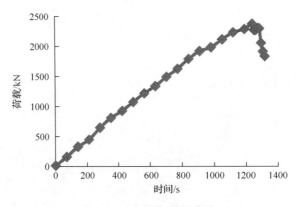

图 5.89　总荷载-时间曲线

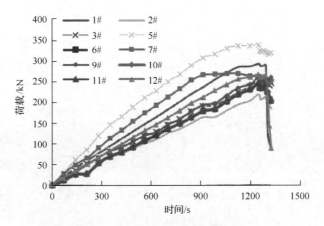

图 5.90　每个油缸的荷载-时间曲线

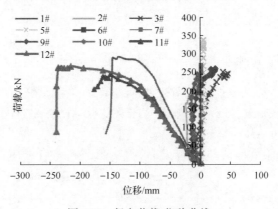

图 5.91　径向荷载-位移曲线

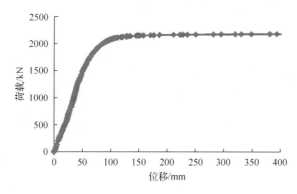

图 5.92　数值试验总荷载-拱顶位移曲线

(2) 在该加载方案下，包括底部油缸反力，拱架整体极限承载力为 F_e=2370.6kN；不考虑底部油缸反力的拱架极限承载力为 1797.8kN；拱架在试验进行到 980s，拱架承载力达到 1980.7kN 时发生了屈曲现象，变形速度加快，荷载增加速率减缓；

(3) 拱架最终破坏时，11#、12#、1#位移为负，说明油缸外伸，即这些位置拱架拱顶下沉，12#变形接近 250mm；3#、9#位移为正，两个位置由于拱架整体扁平变形，略微向外突出，3#变形 44mm，9#变形 23mm；2#、10#位置变形较小，均呈现先增大后减小的现象，2#最大变形 24mm，10#最大变形 16mm；

(4) 拱架最终破坏时，只有 11#、12#、1#三个加载点荷载出现了明显的下降，其余位置均未出现荷载显著下降的现象，说明拱架主要是顶部出现了较为严重的破坏；

(5) 数值试验中拱架极限承载力 F_n=2196.6kN，比室内试验低 7.34%，数值试验和室内试验无论是变形形态还是承载力结果都具有很好的一致性。

3. 钢材应变数据分析

由图 5.93 监测数据分析可知：

(1) 各测点的轴向应变值在构件屈服之前，基本上呈线性增加，在构件屈服之后，应变值均出现了迅速变化的现象；

(2) Y3、Y4、Y7 三个测点应变较大，明显大于 Y1、Y2、Y5、Y6 四个测点；其中底脚 Y3 测点应变最大，内侧微应变达到 32350.7，帮部 Y4 测点外侧微应变达到 12759.3，拱顶 Y7 微应变达到 15506.9；Y1、Y5 测点微应变未超过 2000，钢材未发生塑性变形，Y2、Y6 测点应变未超过 4000，钢材进入塑性状态；

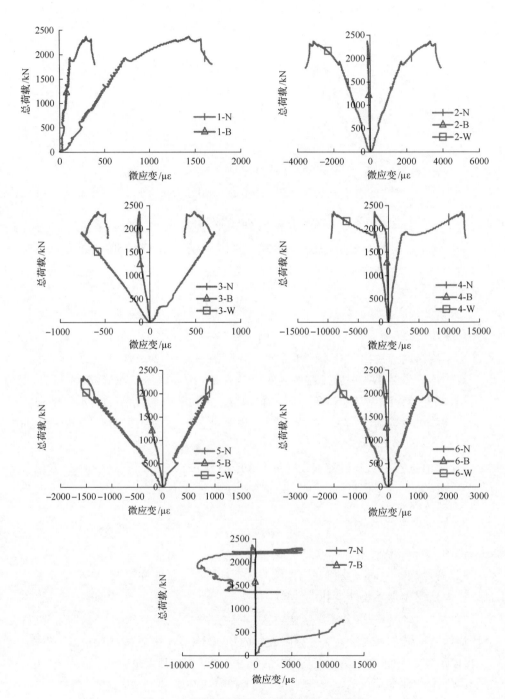

图 5.93　拱架不同部位钢材的荷载-应变曲线

（3）在拱架变形破坏过程中，并非所有部位均产生强度破坏，Y1、Y5 等位置均在弹性范围内；拱顶、帮部、底脚三个位置，作为关键破坏部位发生了强度破坏导致的拱架整体性被破坏，必须对该些部位进行针对性加强。

4. 拱架内力分析

作为对室内试验的补充，图 5.94 和图 5.95 为通过数值试验得到拱架内力分布图和内力随位置变化曲线。通过轴力、弯矩图分析可得如下结论。

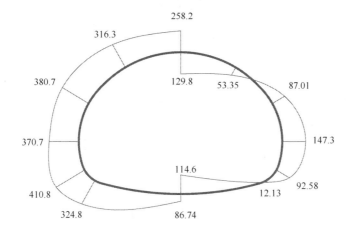

图 5.94　拱架内力分布(左侧为轴力/kN，右侧为弯矩/(kN·m))

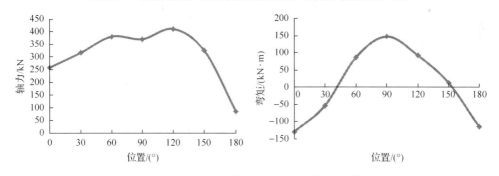

图 5.95　拱架轴力和弯矩随角度(拱顶为 0°)变化曲线

试验结束时拱架受轴力最大部位在拱脚位置，为 410.8kN；轴力最小部位在拱底中部，为 86.74kN。由第 3 章结论可知，SQCC150×8-C40 构件轴压极限荷载为 2685kN，拱架所受轴力远未达到极限荷载，拱脚轴力仅为极限荷载的 15.3%。轴力总体呈现先增大后减小的趋势，从拱顶到拱脚基本呈现缓慢增加的趋势，从拱脚到拱底中部呈现快速减小的趋势。

拱顶和拱底弯矩为负，拱顶受使其向隧道内弯曲的弯矩，拱帮部位弯矩为正，拱帮受使其向隧道外弯曲的弯矩。弯矩最大部位为帮部147.3kN·m，拱肩部位和拱底边侧存在弯矩为0的位置。由第3章结论可知，SQCC150×8-C40构件极限弯矩为100.2kN·m，可见帮部、顶部和底部相当大区域均超过了极限弯矩。通过拱架内力分析可知，拱架受压弯组合作用破坏，弯矩作用更加显著。

5.3.4　SQCC150×8-C40-BF-P拱架试验及结果分析

1. 拱架变形破坏分析

1）拱架整体变形过程及形态

将底部5#、6#、7#三个油缸紧靠拱架固定，在加载过程中不能主动外伸加载，但可以采集被动反作用力；其余1#、2#、3#与9#、10#、11#、12#油缸保持3:2的加载比例；试验开始后拱架缓慢匀速变形，油缸推进较为均匀；随着荷载的继续升高，到910s左右时，拱架拱顶下沉，左右两侧外凸速度明显开始加快，拱架进入屈服状态；到1339.9s左右时，拱顶变形更加明显，拱底与6#油缸脱离，拱架整体变扁平；到1680s试验结束，拱架的变形更加严重，位移最大部位出现在拱顶和两帮位置。图5.96为试验前后拱架的形态对比。

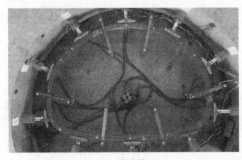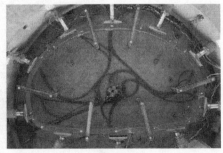

　　　　　(a) 试验前　　　　　　　　　　　　　　(b) 加载完成

图5.96　试验前后拱架的形态

2）数值试验拱架变形形态

通过数值试验得到的拱架变形形态与室内试验基本一致，如图5.97所示，拱架与在均压荷载作用下变形相似，拱架整体变扁平，拱顶部位出现下沉现象，位移最大，两帮向两侧变形，拱底中部与反力支撑脱离，拱底主要为两侧支撑受力。

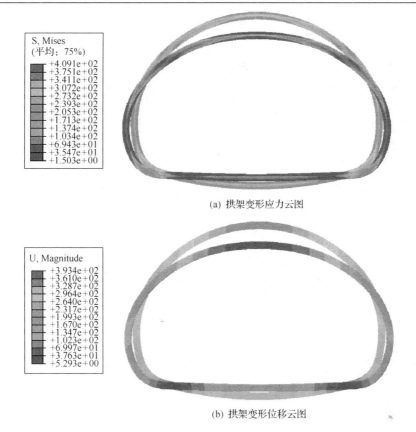

(a) 拱架变形应力云图

(b) 拱架变形位移云图

图 5.97　数值试验拱架应力云图及位移云图

3) 局部变形形态

在拱架失稳后变形持续增加的过程中，拱架部分位置出现了强度破坏现象，如图 5.98 所示。试验结束后，拱架帮部位置出现了较为轻微的钢管鼓起现象；拱架其他位置未发生明显的强度破坏现象。

(a) 拱肩部位最大　　　　　　　　　　(b) 左侧帮部内侧

图 5.98　SQCC150×8-C40-P 拱架部分位置强度破坏情况

2. 拱架承载能力分析

图 5.99～图 5.102 为试验得到荷载-时间和荷载-位移曲线。

通过对整个试验过程的观察总结，结合图 5.96、图 5.97 与图 5.98 所示的拱架变形失稳过程及形态，分析荷载-时间和荷载-位移曲线可知：

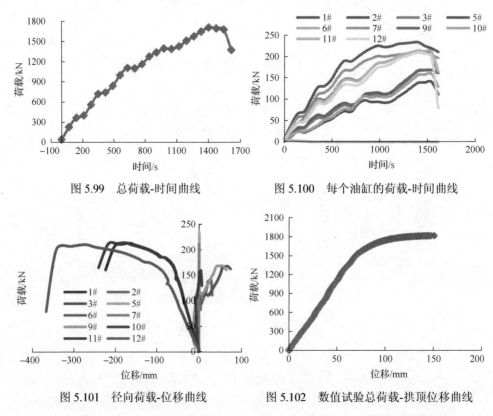

图 5.99　总荷载-时间曲线　　　　图 5.100　每个油缸的荷载-时间曲线

图 5.101　径向荷载-位移曲线　　　图 5.102　数值试验总荷载-拱顶位移曲线

(1)在整个试验过程中，除 5#、6#、7#三个油缸没有进行加载控制以外，其余顶部 11#、12#、1#三个油缸与帮部 2#、3#、9#、10#油缸施加荷载基本维持 3:2 的加载比例，实现预计的加载方案；各组油缸在达到预定荷载后稳压效果良好，油缸很好的满足了本次试验均布加载的要求；

(2)在该加载方案下，包括底部油缸反力，拱架整体极限承载能力 F_e=1798.9kN；不考虑底部油缸反力的拱架极限承载能力为 1321.8kN；拱架在试验进行到 910s 承载能力达到 1339.9kN 时发生了屈曲现象，变形加快，荷载增加速率减缓；

(3)拱架最终破坏时，11#、12#、1#位移为负，说明油缸外伸，即这些位置拱架拱顶下沉，12#位移 365mm；3#、9#位移为正，两个位置由于拱架整体扁平变形，略微向外突出，3#变形 74mm，9#变形 65mm；2#、10#变形较小，均呈现先增大后减小的现象，2#最大变形 31mm，10#最大变形 6mm；

(4) 拱架最终破坏时，只有 11#、12#、1#三个加载点荷载出现了明显的下降，其余位置均未出现荷载显著下降的现象，说明拱架主要是顶部出现了较为严重的破坏；

(5) 数值试验中拱架极限承载能力 F_n=1779.5kN，仅比室内试验低 1.1%，数值试验和室内试验无论是变形形态还是承载力结果方面都具有很好的一致性。

3. 钢材应变数据分析

由图 5.103 监测数据分析可知：

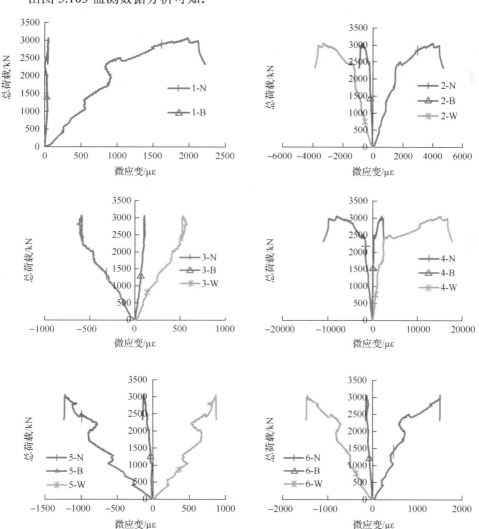

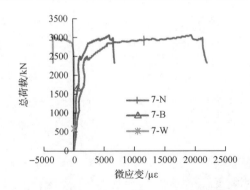

图 5.103　拱架不同部位钢材的荷载-应变曲线

(1)各测点的轴向应变值在拱架屈服之前,基本上呈线性增加,在拱架屈服之后,应变值均出现了迅速变化的现象。

(2)Y2、Y4、Y7 三个测点应变较大,明显大于 Y1、Y3、Y5、Y6 四个测点;其中拱顶 Y7 测点应变最大,内侧微应变达到 22032.2,帮部 Y4 测点外侧微应变达到 18793.6,Y3、Y5、Y6 测点微应变未超过 2000,钢材未达到塑性变形,Y2 测点微应变达到 5018.4,钢材进入塑性状态。

(3)在拱架变形破坏过程中,并非所有部位均产生强度破坏,Y3、Y5、Y6 等位置均在弹性范围内;拱顶、帮部位置作为关键破坏部位发生了强度破坏导致拱架的整体性破坏。

4. 拱架内力分析

图 5.104 和图 5.105 为通过数值试验得到的拱架内力分布图和内力随位置变化曲线。通过轴力、弯矩图分析可得如下结论。

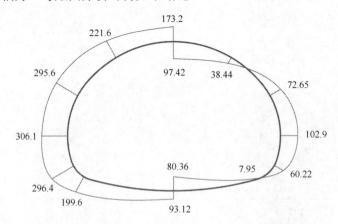

图 5.104　拱架内力分布(左侧为轴力/kN,右侧为弯矩/(kN·m))

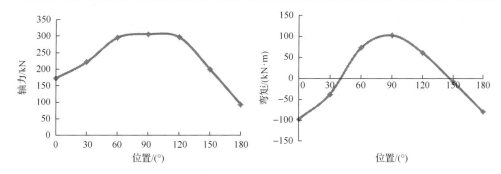

图 5.105　拱架轴力和弯矩随角度(拱顶为 0°)变化曲线

拱架受轴力最大部位在帮部位置，为 306.1kN；轴力最小部位在拱底中部，为 93.12kN，拱架所受轴力远未达到极限荷载 2685kN，帮部轴力仅为极限荷载的 11.4%。轴力总体呈现先增大后减小的趋势，从拱顶到帮部基本呈现缓慢增加的趋势，帮部位置轴力几乎相等，相差只有 3.6%，从帮部到拱底中部呈现快速减小的趋势。

拱顶和拱底弯矩为负，拱顶受使其向隧道内弯曲的弯矩，帮部弯矩为正，受使其向隧道外弯曲的弯矩。弯矩最大部位在帮部位置，为 102.9kN·m，拱肩部位和拱底边侧存在弯矩为 0 的位置。由第 3 章结论可知，SQCC150×8-C40 构件极限弯矩为 100.2kN·m，可见帮部、顶部和底部部分区域均超过接近极限弯矩。通过拱架内力分析可知，偏压作用下拱架受压弯组合作用破坏，弯矩作用更加显著。

5.3.5　I22b-BF-P 拱架试验及结果分析

1. 拱架变形破坏分析

通过数值试验得到 I22b-BF-P 拱架偏压作用下的整体变形特征与承载特性，如图 5.106 所示。图 5.107 所示为总荷载与拱顶位移曲线。

通过数值试验得到的拱架变形形态与室内试验基本一致，拱架整体变扁平，拱顶部位出现下沉现象，位移最大达 76mm，两帮向两侧变形，拱底由于反力支撑的作用基本没有变形；拱架拱顶、两帮和拱脚应力最大，有效应力达到 242MPa，底拱与拱肩应力较小。

与相同边界及加载条件的 SQCC 拱架相比，I22b 工字钢拱架在较小变形的情况下已达到极限承载力，后期承载能力差，在遇到高应力产生大变形的极端情况下，无法对围岩提供长期、有效的支护反力。

通过图 5.107 可知，I22b-BF-P 拱架在偏压作用下极限承载能力为 999.4kN，在 Q 点 932kN 时拱架发生屈服，荷载增速开始变得十分缓慢，同时位移变化迅速增大。在荷载从 0～553.8kN(OA)过程中，拱架处于弹性阶段，位移-荷载曲线基本呈线性变化，拱顶变形达到21.0mm；AQ 段拱架进入塑性变形，拱顶变形达到46.9mm，此时拱架进入屈服状态，直至最终破坏。

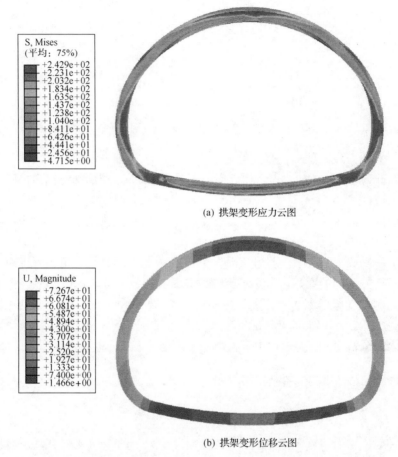

(a) 拱架变形应力云图

(b) 拱架变形位移云图

图 5.106　数值试验拱架应力云图和位移云图

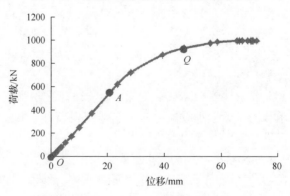

图 5.107　总荷载-拱顶位移曲线

2. 拱架内力分析

图 5.108 和图 5.109 为通过数值试验得到的拱架内力分布图和内力随位置变化曲线。

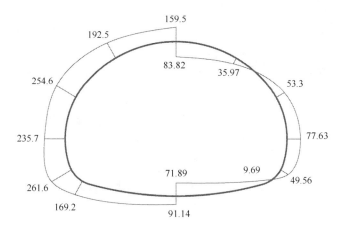

图 5.108　拱架内力分布(左侧为轴力/kN，右侧为弯矩/(kN·m))

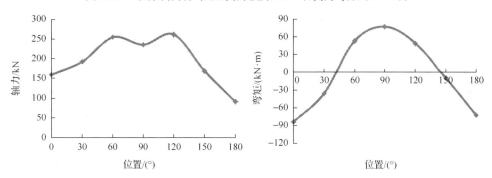

图 5.109　拱架轴力和弯矩随角度(拱顶为 0°)变化曲线

通过轴力、弯矩图分析可得如下结论。

拱架轴力最大部位在拱脚位置，为 261.6kN；轴力最小部位在拱底中部，为 91.14kN，拱架所受轴力远未达到极限荷载 1558kN，拱脚位置轴力仅为极限荷载的 16.8%。轴力分布总体呈现"M"变化，帮部与拱脚轴力相对较大。

拱顶和拱底弯矩为负，拱顶受使其向隧道内弯曲的弯矩，拱帮部位弯矩为正，拱帮受使其向隧道外弯曲的弯矩。弯矩最大在拱顶位置，为 83.82kN·m，拱肩部位和拱底边侧存在弯矩为 0 的位置。由第 3 章结论可知，I22b 构件极限弯矩为 87.4kN·m，拱顶弯矩达到极限弯矩的 95.9%，可见，偏压作用下 I22b 拱架受压弯组合作用破坏，弯矩作用更加显著。

5.3.6 其他拱架试件数值试验结果

对工字钢、H 型钢、劲性混凝土、SQCC180×10 等构件进行数值试验，分析拱架变形、极限荷载以及内力分布等拱架变形承载特性。

1. I22b-BF-J 拱架试验

(1) 拱架变形与荷载-位移曲线。

通过数值试验得到 I22b-BF-J 拱架在均压作用下的变形特征和承载特性，如图 5.110 所示。图 5.111 为总荷载与拱顶位移曲线。

如图 5.110 所示，拱架整体变扁平，拱顶部位出现下沉现象，位移最大；拱顶、两帮及拱底应力最大，有效应力达 274MPa，拱脚翼板出现应力集中现象，应力最大 402MPa。

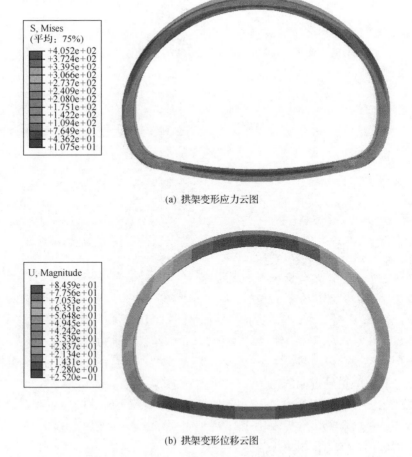

(a) 拱架变形应力云图

(b) 拱架变形位移云图

图 5.110　数值试验拱架应力云图和位移云图

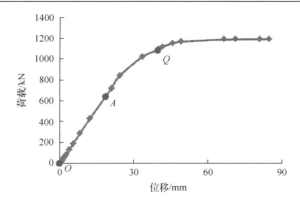

图 5.111　总荷载-拱顶位移曲线

如图 5.111 所示，I22b-BF-J 拱架在均压作用下的极限承载力为 1190.6kN，在 Q 点 1086.5kN 时拱架发生屈服，荷载增速开始变得十分缓慢，位移变化迅速增大。在荷载从 0～638.3kN(OA)过程中，拱架处于弹性阶段，荷载-位移曲线基本呈线性变化，拱顶变形达到 18.6mm；AQ 段拱架进入塑性变形，拱顶变形达到 40.1mm，此时拱架进入屈服状态，直至最终破坏。

(2)拱架内力分析。

图 5.112 和图 5.113 为通过数值试验得到的内力分布图和内力随位置变化曲线。

试验结束时拱架受轴力最大部位在 120°拱脚位置，为 341.2kN；轴力最小部位在拱底中部，为 148.7kN，拱架所受轴力远未达到极限荷载 1558kN，帮部轴力仅为极限荷载的 21.9%。从拱顶到拱底轴力总体呈现先增大后减小的趋势，从拱顶到 120°拱脚，轴力基本呈现缓慢增加，从拱脚到拱底中部呈现快速减小趋势。

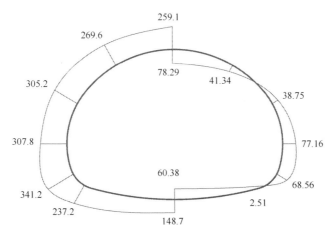

图 5.112　拱架内力分布(左侧为轴力/kN，右侧为弯矩/(kN·m))

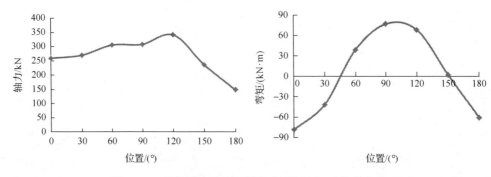

图 5.113　拱架轴力和弯矩随角度(拱顶为 0°)变化曲线

拱顶和拱底弯矩为负,拱顶受使其向隧道内弯曲的弯矩,帮部弯矩为正,拱帮受使其向隧道外弯曲的弯矩。弯矩最大部位在拱顶,为 78.29kN·m,拱肩部位和拱底边侧存在弯矩为 0 的位置。拱顶弯矩达到极限弯矩的 89.6%,拱架受压弯组合作用破坏,弯矩作用更加显著。

2. I22b-C 拱架试验

1) I22b-C-BF-J 拱架试验

(1) 拱架变形与荷载-位移曲线。

通过数值试验得到 I22b-C-BF-J 拱架均压作用下的变形特征与承载特性,如图 5.114 所示。图 5.115 为总荷载与拱顶位移曲线。

由图 5.114 可知,拱架整体变扁平,拱顶部位出现下沉现象,位移最大,两帮向两侧变形,拱底中部与反力支撑脱离,拱底主要为两侧支撑受力;拱顶、两帮及拱底应力最大,有效应力达 418MPa。

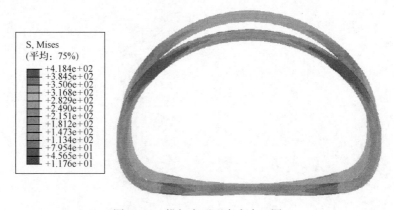

图 5.114　拱架变形形态应力云图

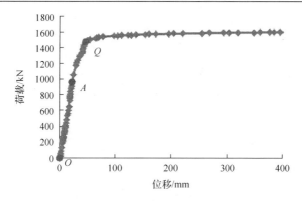

图 5.115　总荷载-拱顶位移曲线

由图 5.115 可知，I22b-C-BF-J 拱架在均布荷载作用下极限承载力达到 1590kN，在 Q 点 1421kN 时拱架发生屈服，荷载增速开始变得十分缓慢，位移变化迅速增大。在荷载从 0～1002kN(OA)过程中，拱架处于弹性阶段，荷载-位移曲线基本呈线性变化，拱顶变形达 24mm；AQ 段拱架进入塑性变形，拱顶变形达到 42mm，此时拱架进入屈服状态，直至最终破坏。

(2)拱架内力分析。

图 5.116 和图 5.117 为通过数值试验得到的内力分布图和内力随位置变化曲线。

拱架轴力最大部位在 120°拱脚位置，为 496.1kN；轴力最小部位在拱底中部位置，为 133.7kN，拱架所受轴力远未达到 I22b-C 拱架极限荷载 2275.3kN，拱脚轴力仅为极限荷载的 21.8%。轴力总体呈现先增大后减小的趋势，从拱顶 167.1kN 到拱脚基本呈现缓慢增加的趋势，从拱脚到拱底中部呈现快速减小的趋势。

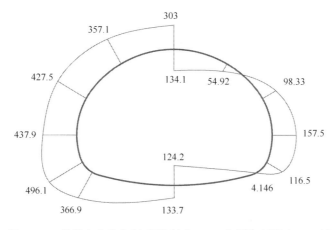

图 5.116　拱架内力分布(左侧为轴力/kN，右侧为弯矩/(kN·m))

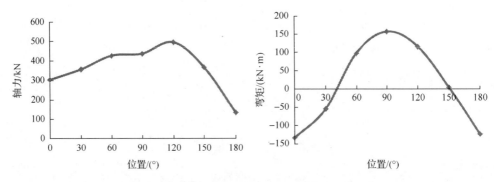

图 5.117　拱架轴力和弯矩随角度(拱顶为 0°)变化曲线

拱顶和拱底弯矩为负,拱顶受使其向隧道内弯曲的弯矩,拱帮部位弯矩为正,拱帮受使其向隧道外弯曲的弯矩。弯矩最大部位在帮部位置,为 157.5kN·m,拱肩部位和拱底边侧存在弯矩为 0 的位置。由第 3 章结论可知,I22b-C 构件极限弯矩为 93.3kN·m,可见帮部、顶部和底部相当大区域均超过了极限弯矩。通过拱架内力分析可知,拱架受压弯组合作用破坏,弯矩作用更加显著。

2)I22b-C-BF-P 拱架试验

(1)拱架变形与荷载-位移曲线。

通过数值试验得到 I22b-C-BF-P 拱架在偏压荷载作用下的变形特征与承载特性,如图 5.118 所示。图 5.119 为总荷载与拱顶位移曲线。

如图 5.118 所示,拱架整体变扁平,拱顶部位出现下沉现象,位移最大,两帮向两侧变形,拱底中部与反力支撑脱离,拱底主要为两侧支撑受力;拱顶、两帮及拱底应力最大,有效应力达 287MPa。

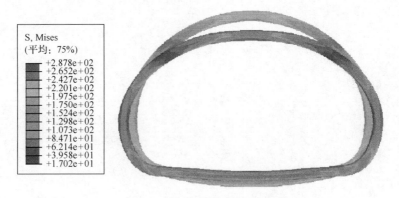

图 5.118　拱架变形形态应力云图

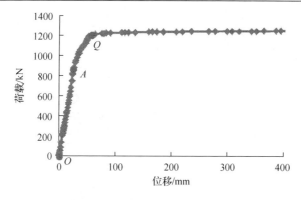

图 5.119 总荷载-拱顶位移曲线

由图 5.119 可知，I22b-C-BF-P 拱架极限承载能力为 1246kN，在 Q 点 1148kN 时拱架发生屈服，荷载增速开始变得十分缓慢，位移变化迅速增大。在荷载从 0～826kN (OA) 过程中，拱架处于弹性阶段，荷载-位移曲线基本呈线性变化，拱顶变形达到 26mm；AQ 段拱架进入塑性变形，拱顶变形达到 49mm，此时拱架进入屈服状态，直至最终破坏。

(2) 拱架内力分析。

如图 5.120 和图 5.121 所示，拱架轴力最大部位在 120° 拱脚位置，为 324kN；轴力最小部位在拱底中部位置，为 86.44kN，拱架所受轴力远未达到极限荷载 1857kN，拱脚轴力仅为极限荷载的 17.4%。轴力总体呈现 "M" 分布，从拱顶 195.9kN 到 60° 位置，轴力持续增大，帮部位置轴力变小，到拱脚位置达到最大，从拱脚到拱底中部呈现快速减小的趋势。

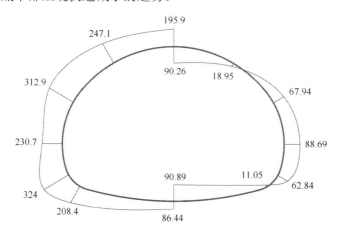

图 5.120 拱架内力分布(左侧为轴力/kN，右侧为弯矩/(kN·m))

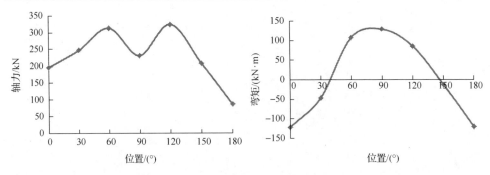

图 5.121　拱架轴力和弯矩随角度(拱顶为 0°)变化曲线

拱顶和拱底弯矩为负,拱顶受使其向隧道内弯曲的弯矩,拱帮部位弯矩为正,拱帮受使其向隧道外弯曲的弯矩。弯矩最大部位在帮部位置,为 129.1kN·m,拱肩部位和拱底边侧存在弯矩为 0 的位置。由第 3 章结论可知,I22b-C 构件极限弯矩为 93.3kN·m,可见帮部、顶部和底部相当大区域均超过了极限弯矩。通过拱架内力分析可知,拱架受压弯组合作用破坏,弯矩作用更加显著。

3. H200×200 拱架试验

1)H200×200-BF-J 拱架试验

(1)拱架变形与荷载-位移曲线。

通过数值试验得到 H200×200-BF-J 拱架在均压作用下的变形特征与承载特性,如图 5.122 所示。图 5.123 为总荷载-拱顶位移曲线。

如图 5.122 所示,拱架整体变扁平,拱顶部位出现下沉现象,位移最大,两帮向两侧变形,拱底中部与反力支撑脱离,拱底主要为两侧支撑受力;拱顶、两帮及拱底应力最大,有效应力达 436MPa。

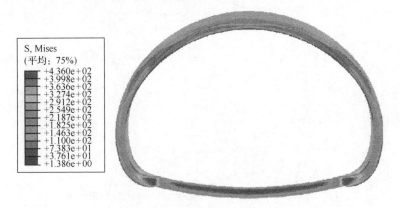

图 5.122　拱架变形形态应力云图

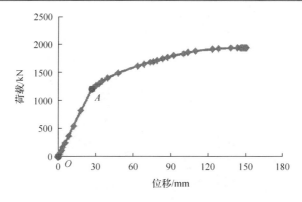

图 5.123　总荷载-拱顶位移曲线

由图 5.123 可知,H200×200-BF-J 拱架在均压荷载下,极限承载能力为 1938kN,在 A 点 1229kN 时拱架发生屈服,荷载增速变缓,位移变化迅速增大。在荷载从 0～1229kN(OA)过程中,拱架处于弹性阶段,荷载-位移曲线基本呈线性变化,拱顶变形达到 29mm,此时拱架进入屈服状态,直至最终破坏,不同于劲性混凝土拱架,型钢拱架线弹性变形后即进入屈服状态,没有塑性变形阶段。

(2)拱架内力分析。

图 5.124 和图 5.125 为通过数值试验得到的内力分布图和内力随位置变化曲线。

拱架轴力最大部位在 90°帮部位置,为 373.7kN;轴力最小部位在拱底中部位置,为 83.8kN,拱架所受轴力远未达到极限荷载 2380kN,帮部轴力仅为极限荷载的 15.7%。轴力总体呈现先增大后减小的趋势,从拱顶到帮部基本呈现缓慢增加的趋势,60°、90°、120°三个位置轴力几乎相等,最大相差只有 6.7%,从帮部到拱底中部呈现减小趋势。

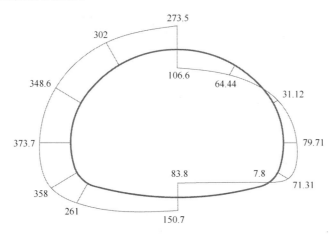

图 5.124　拱架内力分布(左侧为轴力/kN,右侧为弯矩/(kN·m))

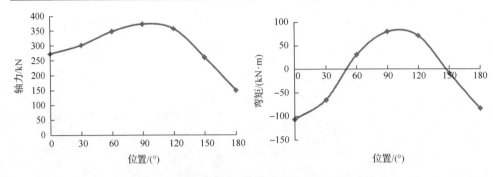

图 5.125　拱架轴力和弯矩随角度(拱顶为 0°)变化曲线

拱顶和拱底弯矩为负,拱顶受使其向隧道内弯曲的弯矩,拱帮部位弯矩为正,拱帮受使其向隧道外弯曲的弯矩。弯矩最大部位在拱顶位置,为 106.6kN·m,拱肩部位和拱底边侧存在弯矩为 0 的位置。由第 3 章结论可知,H200×200 构件极限弯矩为 123.8kN·m,可见帮部、顶部和底部均未超过极限弯矩。通过拱架内力分析可知,拱架受压弯组合作用破坏。

2)H200×200-BF-P 拱架试验

(1)拱架变形与荷载-位移曲线。

通过数值试验得到 H200×200-BF-P 拱架在偏压作用下的变形特征与承载特性,如图 5.126 所示。图 5.127 为总荷载与拱顶位移曲线。

如图 5.126 所示,拱架整体变扁平,拱顶部位出现下沉现象,位移最大,两帮向两侧变形,拱底中部与反力支撑脱离,拱底主要为两侧支撑受力;拱顶、两帮及拱底应力最大,有效应力达 423MPa。

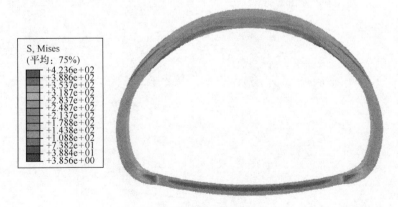

S, Mises
(平均: 75%)
+4.236e+02
+3.886e+02
+3.537e+02
+3.187e+02
+2.837e+02
+2.487e+02
+2.137e+02
+1.788e+02
+1.438e+02
+1.088e+02
+7.382e+01
+3.884e+01
+3.856e+00

图 5.126　拱架变形形态应力云图

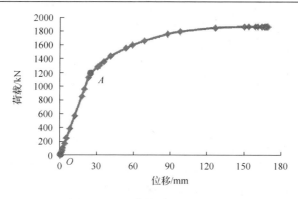

图 5.127　总荷载-拱顶位移曲线

由图 5.127 可知，在偏压荷载作用下 H200×200-BF-P 拱架极限承载能力为 1866kN，在 A 点 1123kN 时拱架发生屈服，荷载增速变缓，位移变化迅速增大。在荷载从 0～1123kN(OA)过程中，拱架处于弹性阶段，荷载-位移曲线基本呈线性变化，拱顶变形达到 23mm，此时拱架进入屈服状态，直至最终破坏，不同于劲性混凝土拱架，型钢拱架发生线弹性变形后即进入屈服状态，没有塑性变形阶段。

(2)拱架内力分析。

如图 5.128 和图 5.129 所示，拱架轴力最大部位在 90°帮部位置，为 339kN；轴力最小部位在拱底中部，为 107.4kN，拱架所受轴力远未达到 H200×200 构件极限荷载 2380kN，帮部轴力仅为极限荷载的 4.5%。轴力总体呈现先增大后减小的趋势，从拱顶到帮部基本呈现缓慢增加的趋势，60°、90°、120°三个位置轴力几乎相等，最大相差只有 4.16%，从帮部到拱底中部呈现减小趋势。

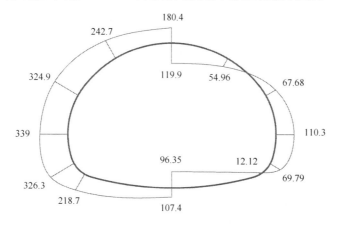

图 5.128　拱架内力分布(左侧为轴力/kN，右侧为弯矩/(kN·m))

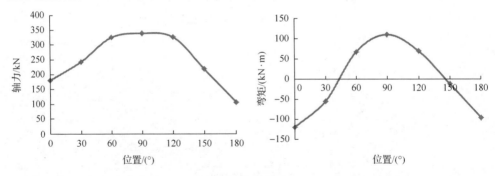

图 5.129　拱架轴力和弯矩随角度(拱顶为 0°)变化曲线

拱顶和拱底弯矩为负,拱顶受使其向隧道内弯曲的弯矩,拱帮部位弯矩为正,拱帮受使其向隧道外弯曲的弯矩。弯矩最大部位在拱顶位置,为 119.9kN·m,拱肩部位和拱底边侧存在弯矩为 0 的位置。由第五章结论可知,H200×200 数值试验极限弯矩为 123.8kN·m,可见帮部、顶部和底部均未超过极限弯矩。通过拱架内力分析可知,拱架受压弯组合作用破坏。

4. H200×200-C 拱架试验

1)H200×200-C-BF-J 拱架试验

(1)拱架变形与荷载-位移曲线。

通过数值试验得到 H200×200-C-BF-J 拱架在均压作用下的变形特征与承载特性,如图 5.130 所示。图 5.131 为总荷载与拱顶位移曲线。

如图 5.130 所示,拱架整体变扁平,拱顶部位出现下沉现象,位移最大,两帮向两侧变形,拱底中部与反力支撑脱离,拱底主要为两侧支撑受力;拱顶、两帮及拱底应力最大,有效应力达 317MPa。

图 5.130　拱架变形形态应力云图

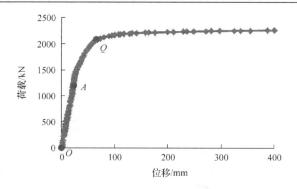

图 5.131 总荷载-拱顶位移曲线

由图 5.131 可知，H200×200-C-BF-J 拱架在均布荷载作用下极限承载力达到 2301kN，在 Q 点 2019kN 时拱架发生屈服，荷载增速开始变得十分缓慢，位移变化迅速增大。在荷载从 0～1154kN(OA)过程中，拱架处于弹性阶段，荷载-位移曲线基本呈线性变化，拱顶变形达到 21mm；AQ 段拱架进入塑性变形，拱顶变形达到 59mm，此时拱架进入屈服状态，直至最终破坏。

(2)拱架内力分析。

如图 5.132 和图 5.133 所示，拱架轴力最大部位在 90°帮部位置，为 686.8kN；轴力最小部位在拱底中部，为 194.7kN，拱架所受轴力远未达到极限荷载 2984kN，帮部轴力仅为极限荷载的 23%。从拱顶到拱底轴力总体呈现先增大后减小的趋势，从拱顶到帮部基本呈现缓慢增加，从帮部到拱底中部呈现减小趋势。

拱顶和拱底弯矩为负，拱顶受使其向隧道内弯曲的弯矩，帮部弯矩为正，受使其向隧道外弯曲的弯矩。弯矩最大为拱顶 193.3kN·m，拱肩部位和拱底边侧存在弯矩为 0 的位置。由第 3 章结论可知，H200×200-C 构件极限弯矩为 133.1kN·m，可见帮部、顶部和底部均超过了极限弯矩。通过拱架内力分析可知，拱架受压弯组合作用破坏，弯矩作用更加显著。

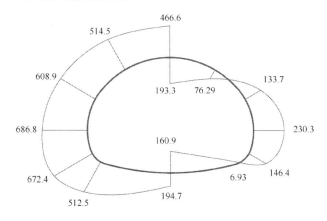

图 5.132 拱架内力分布(左侧为轴力/kN，右侧为弯矩/(kN·m))

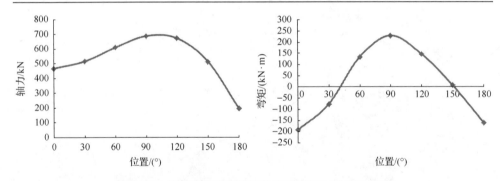

图 5.133　拱架轴力和弯矩随角度(拱顶为 0°)变化曲线

2)H200×200-C-BF-P 拱架试验

(1)拱架变形与荷载-位移曲线。

通过数值试验得到 H200×200-C-BF-P 拱架在偏压荷载作用下的变形特征与承载特性，如图 5.134 所示。图 5.135 为总荷载与拱顶位移曲线。

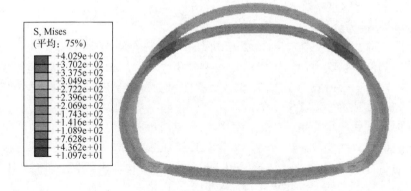

图 5.134　拱架变形形态应力云图

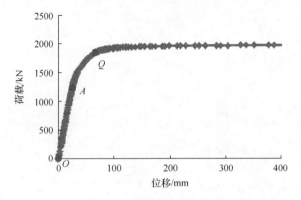

图 5.135　总荷载-拱顶位移曲线

如图 5.134 所示，拱架整体变扁平，拱顶部位出现下沉现象，位移最大，两帮向两侧变形，拱底中部与反力支撑脱离，拱底主要为两侧支撑受力；拱顶、两帮及拱底应力最大，有效应力达 403MPa。

由图 5.135 可知，在偏压荷载作用下 H200×200-C-BF-P 拱架极限承载力达到 1982.4kN，在 Q 点 1809.5kN 时拱架发生屈服，荷载增速开始变得十分缓慢，位移变化迅速增大。在荷载从 0～1234kN(OA)过程中，拱架处于弹性阶段，荷载-位移曲线基本呈线性变化，拱顶变形达到 24mm；AQ 段拱架进入塑性变形，拱顶变形达到 65mm，此时拱架进入屈服状态，直至最终破坏。

(2)拱架内力分析。

如图 5.136 和图 5.137 所示，拱架轴力最大部位在 120°拱脚位置，为 468.4kN；轴力最小部位在拱底中部，为 67.92kN，拱架所受轴力远未达到极限荷载 2984kN，拱脚轴力仅为极限荷载的 15.7%。轴力总体呈现"M"分布，从拱顶 214.8kN 到 60°位置，轴力持续增大，帮部位置轴力变小，到拱脚位置达到最大，从拱脚到拱底中部呈现快速减小的趋势。

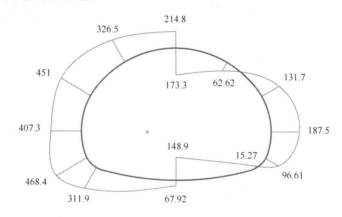

图 5.136 拱架内力分布(左侧为轴力/kN，右侧为弯矩/(kN·m))

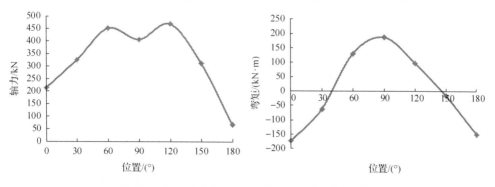

图 5.137 拱架轴力和弯矩随角度(拱顶为 0°)变化曲线

拱顶和拱底弯矩为负，拱顶受使其向隧道内弯曲的弯矩，帮部弯矩为正，受使其向隧道外弯曲的弯矩。弯矩最大部位在帮部位置，为 187.5kN·m，拱肩部位和拱底边侧存在弯矩为 0 的位置。由第 3 章结论可知，H200×200-C 构件极限弯矩为 133.1kN·m，可见帮部、顶部和底部相当大区域均超过了极限弯矩。通过拱架内力分析可知，拱架受压弯组合作用破坏，弯矩作用更加显著。

5. SQCC180×10-C40-BF 拱架试验

1) SQCC180×10-C40-BF-J 拱架试验

(1) 拱架变形与荷载-位移曲线。

通过数值试验得到 SQCC180×10-C40-BF-J 拱架在均压作用下的变形特征与承载特性，如图 5.138 所示。图 5.139 为总荷载与拱顶位移曲线。

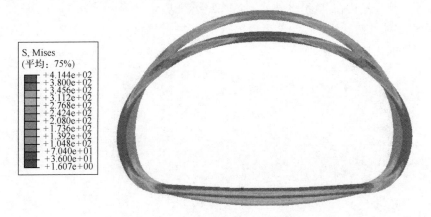

图 5.138　拱架变形形态应力云图

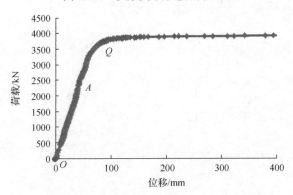

图 5.139　总荷载-拱顶位移曲线

如图 5.138 所示，拱架整体变扁平，拱顶部位出现下沉现象，位移最大，两帮向两侧变形，拱底中部与反力支撑脱离，拱底主要为两侧支撑受力；拱顶、两帮及拱底应力最大，有效应力达 414MPa。

由图 5.139 可知，SQCC180×10-C40-BF-J 拱架在均布荷载作用下极限承载能力达到 3973kN，在 Q 点 3719kN 时拱架发生屈服，荷载增速开始变得十分缓慢，位移变化迅速增大。在荷载从 0～2326kN(OA)过程中，拱架处于弹性阶段，荷载-位移曲线基本呈线性变化，拱顶变形达到 41mm；AQ 段拱架进入塑性变形，拱顶变形达到 84mm，此时拱架进入屈服状态，直至最终破坏。

(2)拱架内力分析。

如图 5.140 和图 5.141 所示，拱架受轴力最大部位在 120°拱脚位置，为 781.5kN；轴力最小部位在拱底中部，为 212.4kN，拱架所受轴力远未达到 SQCC180-10 拱架极限荷载 4102kN，拱脚轴力仅为极限荷载的 19%。从拱顶到拱底轴力总体呈现先增大后减小的趋势，从拱顶到帮部基本呈现缓慢增加，从帮部到拱底中部呈现减小趋势。

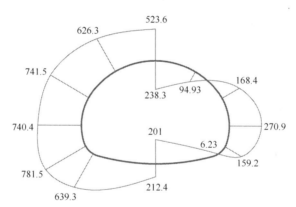

图 5.140　拱架内力分布(左侧为轴力/kN，右侧为弯矩/(kN·m))

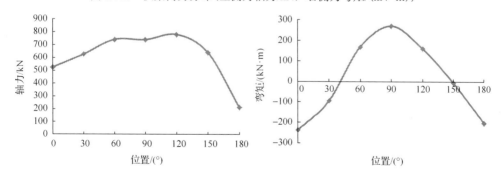

图 5.141　拱架轴力和弯矩随角度(拱顶为 0°)变化曲线

拱顶和拱底弯矩为负，拱顶受使其向隧道内弯曲的弯矩，拱帮部位弯矩为正，拱帮受使其向隧道外弯曲的弯矩。弯矩最大部位在帮部位置，为 270.9kN·m，拱肩部位和拱底边侧存在弯矩为 0 的位置。由第 3 章结论可知，SQCC180×10 构件极限弯矩为 180.8kN·m，可见帮部、顶部和底部相当大区域均超过了极限弯矩。通过拱架内力分析可知，拱架受压弯组合作用破坏，弯矩作用更加显著。

2) SQCC180×10-C40-BF-P 拱架试验

(1) 拱架变形与荷载-位移曲线。

通过数值试验得到 SQCC180×10-C40-BF-P 拱架在偏压荷载作用下的变形特征和承载特性，如图 5.142 所示。图 5.143 为总荷载与拱顶位移曲线。

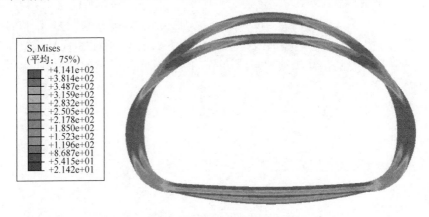

图 5.142　拱架变形形态应力云图

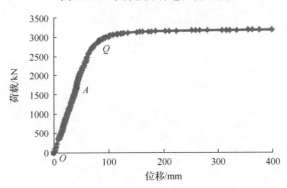

图 5.143　总荷载-拱顶位移曲线

如图 5.142 所示，拱架整体变扁平，拱顶部位出现下沉现象，位移最大，两帮向两侧变形，拱底中部与反力支撑脱离，拱底主要为两侧支撑受力；拱顶、两帮及拱底应力最大，有效应力达 414MPa。

由图 5.143 可知，在偏压作用下 SQCC180×10-C40-BF-P 拱架极限承载能力达到 3201.5kN，在 Q 点 2018.6kN 时拱架发生屈服，荷载增速开始变得十分缓慢，位移变化迅速增大。在荷载从 0~1824.2kN(OA)过程中，拱架处于弹性阶段，荷载-位移曲线基本呈线性变化，拱顶变形达到 42mm；AQ 段拱架进入塑性变形，拱顶变形达到 99mm，此时拱架进入屈服状态，直至最终破坏。

(2) 拱架内力分析。

如图 5.144 和图 5.145 所示，拱架受轴力最大部位在 90° 帮部位置，为 586.2kN；轴力最小部位在拱底中部，为 104.2kN，拱架所受轴力远未达到 SQCC180×10 构件极限荷载 4102kN，拱脚轴力仅为极限荷载的 14.3%。从拱顶到拱底轴力总体呈现先增大后减小的趋势，从拱顶到帮部基本呈现缓慢增加，从帮部到拱底中部呈现减小趋势。

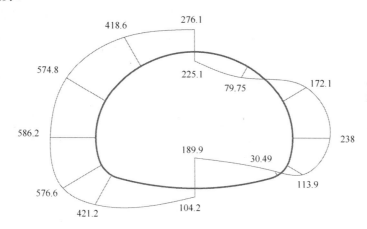

图 5.144　拱架内力分布(左侧为轴力/kN，右侧为弯矩/(kN·m))

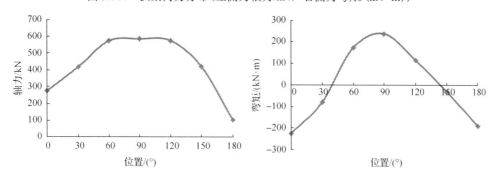

图 5.145　拱架轴力和弯矩随角度(拱顶为 0°)变化曲线

拱顶和拱底弯矩为负，拱顶受使其向隧道内弯曲的弯矩，拱帮部位弯矩为正，拱帮受使其向隧道外弯曲的弯矩。弯矩最大部位在帮部位置，为 238kN·m，拱肩部位和拱底边侧存在弯矩为 0 的位置。由第 3 章结论可知，SQCC180×10 构件极限弯矩为 180.8kN·m，可见帮部、顶部和底部相当大区域均超过了极限弯矩。通过拱架内力分析可知，拱架受压弯组合作用破坏，弯矩作用更加显著。

5.3.7　三心拱架试验结果对比分析

将室内试验与数值试验结果统计于表 5.11，图 5.146 和图 5.147 为拱架在均布荷载和偏压荷载作用下承载能力对比。

表 5.11　三心拱架承载能力统计

序号	拱架形式	加载形式	室内试验/kN	数值试验/kN	差异率/%
1		J	1576.1	1434.7	8.9
2	SQCC150×8	BF-J	2370.6	2196.6	7.3
3		BF-P	1798.9	1779.5	1.1
4	I22b	BF-J	—	1190.6	—
5		BF-P	—	999.4	—
6	I22b-C	BF-J	—	1590	—
7		BF-P	—	1246	—
8	H200×200	BF-J	—	1938	—
9		BF-P	—	1866	—
10	H200×200-C	BF-J	—	2301	—
11		BF-P	—	1982.4	—
12	SQCC180×10	BF-J	—	3973	—
13		BF-P	—	3201	—

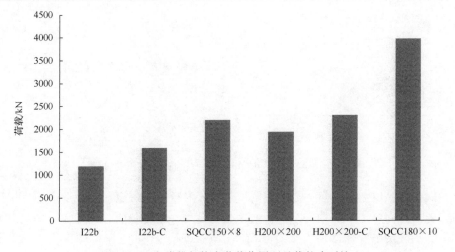

图 5.146　各类拱架均布荷载作用下承载能力对比

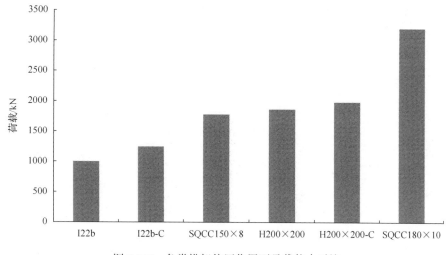

图 5.147 各类拱架偏压作用下承载能力对比

（1）SQCC 拱架理论计算极限承载力 F_t=1496.4kN，室内试验极限承载力 F_e=1576.1kN，两者差异率仅为 5.3%，具有很好的一致性。

（2）由表 5.11 可知，SQCC 拱架数值试验和室内试验承载能力最大差异率为 8.9%，平均差异率仅为 5.8%，可见数值试验对三心拱架计算合理可行，验证了数值试验的正确性，为使用数值试验对其他拱架进行计算分析奠定基础。

（3）由图 5.146 和图 5.147 可知，SQCC150×8 拱架相比于 I22b、I22b-C 拱架在均布荷载作用下，极限承载力分别提高了 84.6%和 38.2%，在 1.5 倍垂压比作用下承载能力分别提高了 78.1%和 42.8%；SQCC180×10 拱架相比于 H200×200、H200×200-C 拱架在均布荷载作用下承载能力提高了 105%和 72.7%，在 1.5 倍垂压比作用下提高了 71.5%和 61.5%，方钢约束混凝土拱架相比于截面含钢量相同的型钢拱架承载能力有了明显提高。

（4）SQCC150×8 拱架在均布荷载作用下极限承载力比 H200×200 拱架高 13.3%，比 H200×200-C 拱架仅低 4.5%，偏压作用下比 H200×200 和 H200×200-C 拱架仅低 4.6%与 10.2%，SQCC150×8 拱架截面含钢量仅为 H200×200 拱架的 68%，SQCC 拱架具有明显的经济优势。

（5）SQCC150×8 拱架延性好，尤其是在遇到高应力产生大变形的极端情况下，型钢拱架无法对围岩提供长期、有效的支护反力，SQCC150×8 能够在大变形情况下继续提供高作用力，因此具有很好的后期承载能力。

5.3.8 SQCC 三心拱架承载特性影响因素及其规律分析

为研究 SQCC 三心拱架力学性能的影响因素及规律，对不同强度等级核心混凝土、不同钢管壁厚、边长以及不同垂压比（垂直压力/水平压力）的约束混凝土拱架进行了数值试验，针对上述 4 种因素对拱架力学性能的影响规律进行了研究。

1. 核心混凝土强度影响规律

对不同强度等级核心混凝土的SQCC150×8拱架极限承载力进行统计，如表5.12和图 5.148 所示。

表5.12　不同核心混凝土强度拱架承载力统计表

序号	拱架类型	极限承载力/kN	提高率/%
1	SQCC150×8-C30	1720.2	0
2	SQCC150×8-C40	1779.5	3.45
3	SQCC150×8-C50	1793.9	4.14
4	SQCC150×8-C60	1826.4	5.92
5	SQCC150×8-C70	1860.1	7.66

由表 5.12 可知：

(1) SQCC150×8 拱架极限承载力随混凝土强度等级的提高而增大，灌注 C40～C70 核心混凝土的拱架相比于灌注 C30 混凝土的拱架极限承载力提高了 3.45%～7.66%，方钢约束混凝土拱架的力学性能得到了小幅度的提升；

(2) 核心混凝土强度等级对 SQCC 拱架极限承载力的影响并非十分显著，SQCC150×8-C70 拱架比 SQCC150×8-C30 拱架极限承载力仅提高 7.66%。

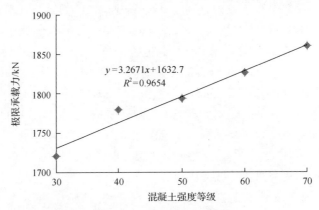

图 5.148　拱架极限承载力-核心混凝土强度曲线

由图 5.148 可知，随着混凝土强度等级的升高，SQCC150×8 拱架极限承载力逐渐增大，基本呈线性关系。拟合得到了 SQCC150×8 拱架极限承载力 F_n 与核心混凝土强度 $f_{cu,k}$ 的关系公式：

$$F_n = 3.2671 f_{cu,k} + 1632.7 \tag{5.4}$$

式中，$30 \leqslant f_{cu,k} \leqslant 70$，拟合度 $R^2 = 0.9654$。

2. 钢管壁厚影响规律

对不同钢管壁厚的 SQCC 拱架在 1.5 倍垂压比作用下的极限承载力进行统计，如表 5.13 和图 5.149 所示。

表 5.13　不同壁厚拱架承载力统计表

序号	拱架类型	极限承载力/kN	提高率/%
1	SQCC150×4-C40	1082.6	0
2	SQCC150×6-C40	1468.73	35.67
3	SQCC150×8-C40	1779.5	64.37
4	SQCC150×10-C40	2053.49	89.68
5	SQCC150×12-C40	2222.94	105.33

由表 5.13 可知：

(1) 方钢管截面边长不变，随着钢管壁厚的增加拱架极限承载力逐渐增大，壁厚为 6~12mm 的拱架比壁厚为 4mm 时极限承载力提高了 35.67%~105.33%；

(2) 钢管壁厚对拱架极限承载力影响显著，SQCC150×12-C40 拱架比 SQCC150×4-C40 拱架极限承载力提高了 105.33%。

由图 5.149 可知，SQCC150-C40 拱架承载力随着壁厚的增加基本呈二次非线性提高，拟合得到了拱架极限承载力 F_n 与钢管壁厚 t 的关系公式：

$$F_n = -8.3954t^2 + 277.6t + 105.14 \tag{5.5}$$

式中，$4mm \leqslant t \leqslant 12mm$，拟合度 $R^2 = 0.9997$。

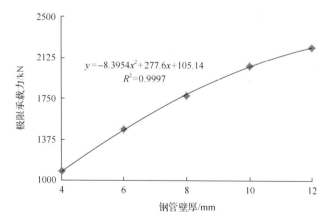

图 5.149　拱架极限承载力-壁厚曲线

3. 钢管边长影响规律

对不同钢管边长的 SQCC 拱架极限承载力进行统计，如表 5.14 和图 5.150 所示。

表 5.14　不同边长拱架承载力统计表

序号	拱架类型	极限承载力/kN	提高率/%
1	SQCC140×10-C40	1661.13	—
2	SQCC150×10-C40	2053.49	23.62
3	SQCC160×10-C40	2355.06	41.77
4	SQCC170×10-C40	2762.49	66.30
5	SQCC180×10-C40	3180.41	91.46

由表 5.14 可知：

(1)方钢管壁厚不变，随着钢管边长的增加拱架极限承载力越来越大，截面边长为 150~180mm 的拱架比边长为 140mm 时极限承载力提高了 23.62%~91.46%；

(2)钢管边长对拱架极限承载力影响十分显著，SQCC180×10-C40 拱架比 SQCC140×10-C40 拱架极限承载力提高了 91.46%。

由图 5.150 可知，SQCC150×8-C40 拱架极限承载力随着钢管边长的增加而增加，基本呈线性关系，拟合得到了 SQCC 拱架极限承载力 F_n 与边长 l 的关系公式：

$$F_n=37.476l^2-3593.6 \tag{5.6}$$

式中，140mm$\leqslant l \leqslant$180mm，拟合度 R^2= 0.9972。

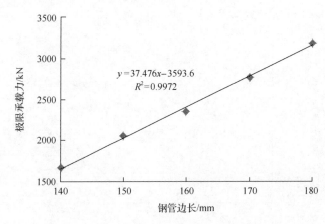

图 5.150　不同钢管边长的 SQCC 拱架极限承载力

4. 垂压比影响规律

对不同垂压比作用下的 SQCC150×8 拱架极限承载力进行统计，如表 5.15 和图 5.151 所示。

表 5.15　不同垂压比拱架承载力统计表

序号	垂压比	极限承载力/kN	降低率/%
1	1.3	2056.1	0
2	1.4	1938.4	6.07
3	1.5	1779.5	15.54
4	1.6	1763.6	16.58
5	1.7	1695.9	21.22

由表 5.15 可知：

(1) SQCC150 拱架极限承载力随着垂压比的增加而减小，相较 λ=1.3，垂压比 λ=1.4～1.7 时拱架极限承载力降低了 6.07%～21.22%；

(2) 垂压比对 SQCC150 拱架极限承载力影响十分显著，λ=1.7 时 SQCC150×8-C40 拱架极限承载力比 λ=1.3 时降低了 21.22%。

由图 5.151 可知，SQCC150×8-C40 拱架极限承载力随着垂压比的增加而减小，降低程度逐渐减小，拟合得到了 SQCC150×8-C40 拱架极限承载力 F_n 与垂压比 λ 的关系公式：

$$F_n = 1736\lambda^2 - 6102.8\lambda + 7060.2 \tag{5.7}$$

式中，$1.3 \leqslant \lambda \leqslant 1.7$，拟合度 R^2=0.9761。

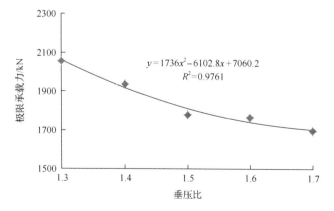

图 5.151　拱架极限承载力-垂压比曲线

5.4　本　章　小　结

(1)自主研发了地下工程约束混凝土拱架全比尺力学试验系统，开展了不同截面形式圆形拱架和三心拱架的系列对比试验，明确了拱架在不同荷载作用模式下的变形破坏形态、内力分布特征、关键破坏部位以及极限承载能力。

(2)研究了钢管壁厚和边长、核心混凝土强度、垂压比等参数对约束混凝土拱架力学性能的影响规律，得到了各影响因素与拱架承载能力的关系公式，明确了约束混凝土拱架的承载机制。

(3)约束混凝土拱架承载能力高、延性好，并具有很高的后期承载能力，在复杂条件地下工程中，利用经过试验验证的约束混凝土计算理论对拱架进行设计，同时注意关键破坏部位的加强设计，可以有效发挥约束混凝土的支护效果。

第6章 约束混凝土支护体系工程实践

基于前文研究,本章提出约束混凝土支护体系设计方法,在全国典型"三软"矿区龙矿集团-梁家煤矿和山东省首条双向八车道超大断面公路隧道——龙鼎隧道进行工程实践,为约束混凝土支护体系的地下工程应用奠定基础,为形成施工规范提供指导。

6.1 设计理念与方法

基于前面对地下工程围岩破坏机理及高强控制机制的研究,本书提出利用约束混凝土高强支护技术,对地下工程围岩施加更高支护反力,维护围岩稳定性。约束混凝土支护设计应基于工程实际,根据现场实测数据、约束混凝土计算理论、节点力学性能、拱架承载机制,对拱架截面型号、核心混凝土强度、节点参数、补强措施等进行设计,并通过数值计算对提出的约束混凝土支护设计进行校核和优化。具体设计流程如图6.1所示。

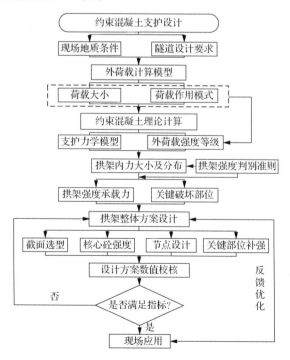

图 6.1 约束混凝土支护设计方法流程

6.2　软岩矿山巷道工程实践

6.2.1　工程概况

梁家煤矿位于山东省龙口市龙港开发区，西至龙口渤海，北靠北皂煤矿，东北与桑园、洼东煤矿毗邻，是全国典型海域软岩矿区。生产能力为 280 万 t/年，矿井开采深度-80～-960m。

本节选择梁家煤矿煤 4 六采区轨道上山为研究对象，煤 4 六采区位于梁家煤矿井田东北部，开采深度达-800m，其中轨道上山埋深-600～-620m，所处位置如图 6.2 所示。所在地层结构极为复杂，稳定性差，夹矸以泥岩为主。直接顶主要为炭质泥岩、砂质泥岩及泥岩夹黏土岩，易风化脱落、吸水膨胀，属易冒落顶板。底板为 0.64m 的泥岩，局部为炭质泥岩、含油泥岩以及油页岩，易吸水膨胀。工作面底臌严重，为典型三软不稳定巷道，围岩控制难度大，如图 6.3 所示。

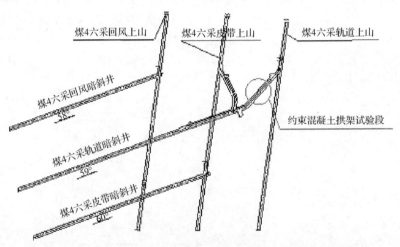

图 6.2　现场应用地点平面图

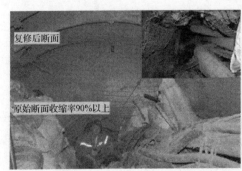

图 6.3　现场巷道及拱架典型变形破坏形式

6.2.2 原支护方案及监测分析

1. 原支护方案

巷道为圆形断面，原支护方案采用锚网喷、U36 重型钢拱架支护。图 6.4 为巷道原支护方案断面图。

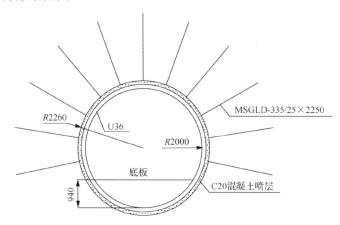

图 6.4 原支护方案断面设计图

具体支护参数如下。

(1) 锚杆：采用 MSGLD-335/25×2250 螺纹钢锚杆，锚杆间排距为 800mm×800mm。

(2) 金属网：采用 ϕ4mm 冷拔钢筋加工而成，规格为 2000mm×1100mm 或 1800mm×1000mm，网格为 100mm×100mm，全断面敷挂。

(3) 喷射混凝土：采用 C20 混凝土，喷层厚度为 100～120mm。

(4) U 型钢拱架：采用 U36 型钢加工，每榀拱架 5 节。钢棚间距 800mm，每架钢棚 3 道连板，拱架节间搭接长度不小于 500mm，搭接处用 3 个卡子卡接牢固。

原支护方案下 U36 拱架出现了大量屈曲、拱架折断等严重破坏现象，巷道大变形、底臌现象严重，如图 6.5 所示，巷道需要更高的支护强度。

图 6.5 原支护方案下现场破坏情况

2. 原支护方案受力监测分析

为对约束混凝土支护体系进行设计，前期布置了巷道压力监测拱架，确定现场拱架所受荷载。在现场 U36 拱架半圆拱上均匀布置 7 个压力测点(编号 1#～7#)，采集拱架径向受力，如图 6.6 所示。由于传力枕木的作用，半圆拱基本只有 7 个位置受力，这 7 个位置受力之和为拱架上半圆拱所受总荷载 F_f。

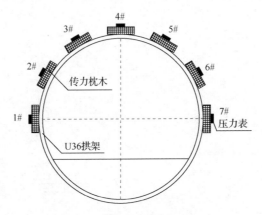

图 6.6　现场测力拱架示意图

将监测受力最大的第 60 天拱架受力值，统计于表 6.1 中，即拱架现场承受的最大荷载。

表 6.1　拱架受力监测结果

测点	1#	2#	3#	4#	5#	6#	7#
受力/kN	96.0	73.7	62.1	53.8	55.7	71.3	88.7

根据监测数据可知：

(1) 1#、7# 帮部所受压力最大，4# 顶部所受压力最小，拱架左侧压力大于右侧，左右侧受力之比，$F_{左}/F_{右}$=1.106。

(2) 拱架所受拱顶压力 F_4 与帮部压力 $(F_1+F_7)/2$ 之比为 1.71，拱架所受水平压力较大，基本符合现场地应力测试结果侧压力系数 λ=1.56。

(3) 针对拱架半圆拱所受荷载 F_f=508kN，拱架半圆长 6.28m，平均所承受荷载 80.9kN/m。

6.2.3　拱架设计理论

根据现场地应力测试结果，侧压力系数 λ=1.56，对多个不同截面型号的方钢约束混凝土拱架承载能力进行理论计算，见表 6.2。

表 6.2　不同截面型号约束混凝土拱架承载能力统计

钢管型号	140×8	140×10	150×8	150×10	160×8	160×10
截面含钢量/kg	31.86	38.80	34.38	41.94	36.89	45.08
拱架极限荷载/(kN/m)	150.8	169.3	170.8	223.0	191.9	245.0

通过 6.2.2 节拱架受力现场监测，拱架受到的最大荷载为 80.9kN/m，取 2.0 的安全系数，约束混凝土拱架承载能力需达到 161.8kN/m。由表 6.2 可知，除 140×8 型号外，表中其他截面型号拱架强度大小均符合要求，其中 140×10 和 150×8 截面更接近合理设计。考虑经济性因素，定义性价比 $\gamma_s=$ 拱架极限荷载/截面含钢量，$\gamma_{s-140\times10}=4.4$，$\gamma_{s-150\times8}=5.0$，$\gamma_{s-150\times8}$ 比 $\gamma_{s-140\times10}$ 高 13.6%。而且 150×8 截面比 140×10 截面承载能力高的同时用钢量更少，因此拱架截面选型为 SQCC150×8。

针对 SQCC150×8 拱架，基于第 4 章计算理论对拱架内力进行分析，得到如图 6.7 所示的拱架受极限荷载时的内力分布。可知帮部位置受弯矩作用向巷道侧弯曲，拱顶受弯矩作用向围岩侧弯曲，其中帮部和顶部所受弯矩几乎相同，顶部受轴力最大。

根据拱架内力分布，帮部、拱顶和拱底为拱架所受弯矩最大位置，所受弯矩超过 115kN·m，拱顶受弯矩作用向围岩弯曲过程中受顶部围岩的反作用力使得拱顶受弯程度降低。因此，帮部为关键破坏部位，现场针对巷道帮部拱架进行补强。

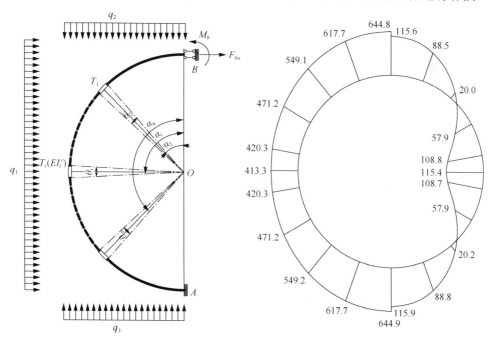

图 6.7　拱架内力计算模型及分布

6.2.4　现场方案设计

为满足支护强度要求，拱架设计采用方钢约束混凝土拱架，断面尺寸与巷道原始设计一致，拱架截面形式为正方形，钢管尺寸 150mm×8mm，拱架内径 4000mm，拱架间距 0.8m，锚杆布置和喷层情况与原支护方案相同，拱架具体尺寸如图6.8所示。

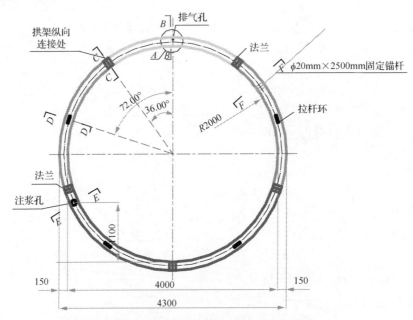

图 6.8　矿山巷道现场应用拱架尺寸

拱架分为五段，法兰连接。拱架之间采用拉杆连接，拉杆间距为 1.5～1.8m，能够保证拱架整体稳定性，防止拱架发生失稳破坏。根据理论计算得出的帮部补强要求，在两帮水平位置各补打一排锚杆护板进行补强。巷道扩修完后及时初喷、安设锚杆(索)、架立拱架，拱架拼装完后灌注核心混凝土，混凝土标号为 C40。

拱架每节均有灌浆口和排气孔，设计灌浆口直径为 80mm，基于第 3 章灌浆口补强机制及措施，灌浆口两侧焊设侧弯钢板 ASS240-8 进行补强。

6.2.5　设计方案评价校核

根据现场实际地质条件以及支护方案,利用 ABAQUS 软件对现场支护拱架进行数值计算,对支护方案合理性进行校核和优化。

1. 数值计算概况

1)边界条件

建立现场工程计算模型，模型尺寸为 38m×38m×0.8m，实测垂直应力 σ_y=11.6MPa，水平应力 σ_x=18.1MPa。

2)材料参数

约束混凝土拱架参数与第 3 章一致，通过与室内试验对比，能够很好模拟拱架力学特性及变形破坏机制。模型体单元采用八节点线性六面体单元，采用莫尔-库仑准则，根据现场地质情况共分为五层，具体力学参数见表 6.3，锚杆参数见表 6.4。

表 6.3　各岩层岩石力学参数

围岩类型	弹性模量 E /MPa	抗拉强度 σ_t /MPa	泊松比 υ	黏聚力 C/MPa	内摩擦角 φ/(°)
泥岩砂岩互层	1190	0.36	0.26	0.531	28.5
85%泥岩+15%煤	1000	0.24	0.31	0.27	25.2
煤	1000	0.17	0.3	0.1	26.5
油 4	1060	0.31	0.3	0.6	24.9
粉砂粗岩	1470	0.86	0.28	0.8	30

表 6.4　锚杆力学参数

支护构件	构件尺寸/mm	弹性模量 E/GPa	屈服强度 σ_s/MPa	极限强度 σ_b/MPa	泊松比 υ
锚杆	直径×长度=25×5000	206	400	570	0.3

2. 数值计算结果

由数值计算结果可知(图 6.9)，拱架最大变形出现在右侧帮部，达到 15.3mm，其次为左帮 14.9mm，左下侧位移只有 8.2mm，帮部位移稍大于顶底位移。通过数值计算分析可知，巷道变形较小，满足现场安全生产要求，SQCC150×8 支护方案设计合理。

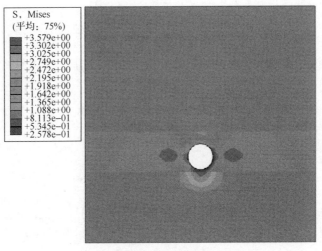

(a) 围岩应力分布云图

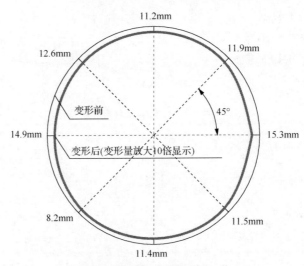

(b) 拱架变形素描图(变形效果放大10倍)

图 6.9　数值计算结果

6.2.6　现场实施

约束混凝土支护体系的现场施工流程如下。

(1)放炮掘进后首先进行锚网喷施工。

（2）现场拱架自下而上拼装，首先安置底拱，然后通过法兰节点连接拱帮两节拱架，用锚杆进行侧向固定，最后安置拱顶，使五节拱架成为整体，并用锚杆固定到顶板上，拱架整体拼装完毕。

（3）铺设金属网背板并进行壁后充填，最后进行核心混凝土灌注。

（4）灌注完成后进行后期跟踪监测。现场实施如图 6.10 所示。

(a) 安装底拱

(b) 安装两帮法兰

(c) 架设安装台

(d) 安装两帮拱架

(e) 两帮拱架安装防倒装置

(f) 拱顶段拱架安装

(g) 灌注核心混凝土

(h) 施工质量监测检查

(i) 支护完成

图 6.10　约束混凝土支护方案现场实施及控制效果

6.2.7　监测结果分析

对典型拱架的拱顶、帮部、肩部位置径向受力以及巷道围岩变形进行了监测，监测结果如图 6.11 所示，分析拱架现场围岩控制效果。

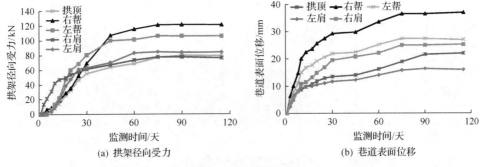

图 6.11　现场监测结果

(1)现场监测表明，巷道收敛变形右帮＞左帮＞右肩＞拱顶＞左肩，前 15 天变形较快，25 天左右变形速度明显放缓，75 天以后巷道基本稳定，几乎不再变形，右帮最大变形为 37mm，起到了很好的围岩控制效果。

(2)通过拱架安装的压力表来看，右帮压力最大，左帮次之，拱顶最小，右帮压力达到 121.5kN，拱顶压力稳定在 79.2kN。

现场施工及监测表明，约束混凝土支护体系设计方法和施工组织合理，可实现矿山软岩巷道围岩的有效控制。

6.3　大断面交通隧道工程实践

6.3.1　工程概况

龙鼎隧道为京沪高速济南连接线重要组成部分，京沪高速济南连接线工程是山东省济南市"三横六纵"快速路网规划的重要路段，与二环南路、济徽快速路共同构建城市南部地区贯通东西的城市快速交通走廊。

龙鼎隧道为山东省首条双向八车道，单洞四车道隧道，开挖宽度最大处达到 20 米，且穿越断层破碎带和溶隙溶洞群，属于浅埋、小净距、大跨又穿越不良地质地段的暗挖隧道，为全国罕见的超大断面公路暗挖隧道，目前国内没有此类公路隧道的设计及施工规范。隧道位置如图 6.12 所示。

龙鼎隧道存在 F1 和 F2 两条断层破碎带，如图 6.13 所示，断层破碎带产状较陡，节理带岩体破碎，围岩为中风化白云质灰岩，泥化严重，岩质软弱。且两断层埋深大，达到 150～160m，是该隧道控制和施工的难点，加之隧道断面尺寸大，容易产生安全事故，给隧道建设带来隐患。

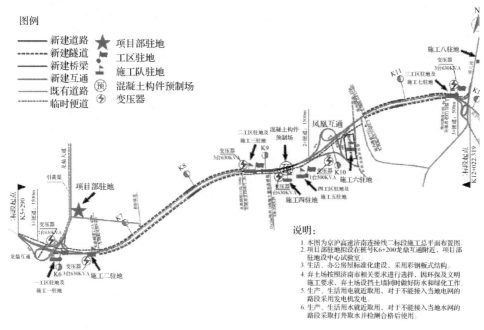

图 6.12 龙鼎隧道位置

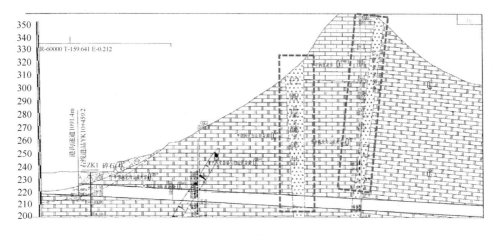

图 6.13 龙鼎隧道现场剖面图

6.3.2 拱架设计理论

大跨隧道破碎围岩常采用 H200×200 型钢拱架进行初期支护。在考虑经济性、不提高成本的基础上，设计约束混凝土拱架，以截面含钢量相同或相近为原则，初步确定 180×10 方钢管为约束混凝土拱架截面型号。

根据《公路隧道设计规范》，在 V、VI 级围岩中垂直压力/水平压力=1～3.3，本章取垂直压力/水平压力=1.5，对 SQCC 拱架承载能力及内力分布进行理论计算。

　　尽管现场隧道拱架底拱受主动荷载不大，主要为顶部受压后拱底围岩的反作用力，但是在围岩较破碎，压力较大条件下，如果现场施做仰拱不及时，很可能出现底拱受力破坏，导致拱架整体性被破坏的情况。基于第 4 章三心拱架计算模型，对 SQCC180×10 拱架承载能力进行理论计算，计算模型和内力分布如图 6.14 所示，SQCC180×10 拱架理论承载力为 10.654kN/m。

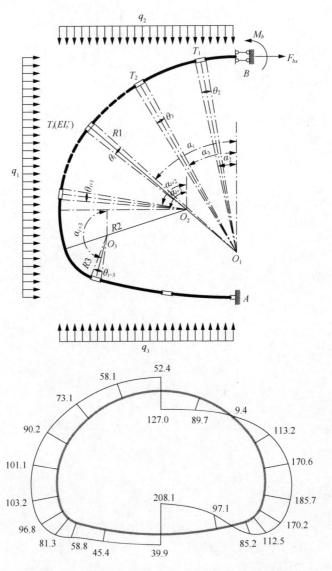

图 6.14　拱架计算模型及内力分布(左侧为轴力/kN，右侧为弯矩/(kN·m))

拱架内力分布分析可知：拱架帮部和底部受弯矩最大，拱顶受弯矩较大，拱架帮部和底部补强能够较大幅度地提高拱架承载能力，因此针对复杂条件大断面隧道及时施加仰拱对提升拱架整体承载能力十分重要。

6.3.3　现场方案设计

1. 拱架整体设计

拱架整体形状尺寸如图 6.15 所示，采用 SQCC180×10 拱架，临时支撑采用 I22b 型钢。临时支撑与拱架之间采用法兰连接，在拱架接头处预先焊设一段带有法兰接头的 I22b 型钢，具体连接如图 6.16 所示。每节 SQCC 拱架底端留设直径 90mm 的灌浆口，同时根据灌浆口补强方法，对该处进行补强设计，经过计算，焊设高度 240mm、厚度 10mm 的侧弯钢板进行补强最为经济合理。

2. 节点设计

拱架各节之间采用法兰连接，基于第 3 章对拱架法兰节点参数的研究方法，对 SQCC180×10 拱架节点进行数值计算，节点应力分布如图 6.17 所示。

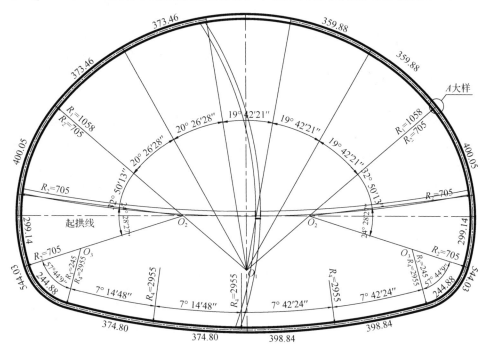

图 6.15　拱架尺寸参数(单位：cm)

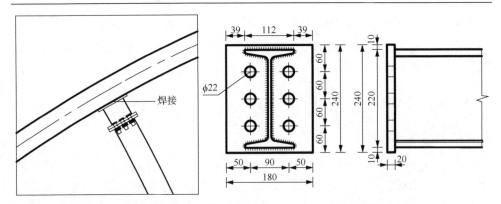

图 6.16　临时支撑与方钢约束混凝土拱架连接示意

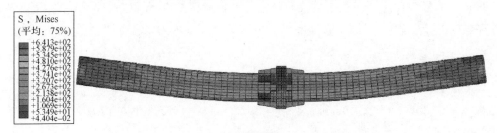

图 6.17　节点纯弯应力云图

根据计算结果确定节点采用 26mm 厚法兰盘，M27 高强螺栓连接，该节点抗弯能力与 SQCC 构件基本相同，节点具体参数如图 6.18 所示。

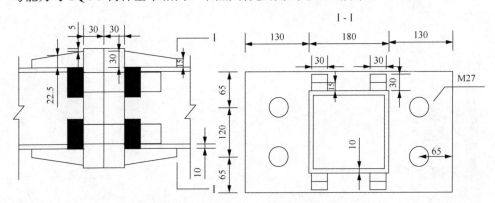

图 6.18　法兰节点示意图

3. 关键部位补强设计

根据理论计算分析可知，两帮是拱架破坏的关键部位，两帮的破坏使拱架整体性被破坏，承载能力降低。因此，在帮部两侧四节拱架靠近隧道侧焊设 $\phi30mm$

钢筋，如图 6.19 所示，增加帮部拱架强度，提高拱架整体承载能力。

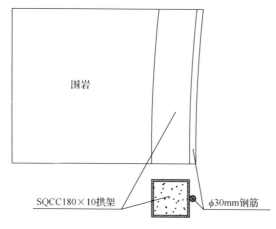

图 6.19 拱架钢筋补强示意图

4. 纵向连接设计

相邻两榀拱架之间按照《公路隧道施工技术规范》采用焊接钢筋形成纵向连接，连接钢筋型号为 $\phi25mm$，间距为 1m，如图 6.20 所示。拱架之间通过纵向连接使拱架成为整体，防止拱架平面外失稳。

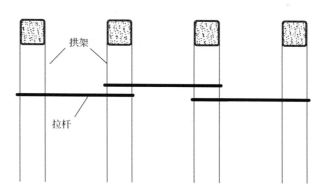

图 6.20 拱架纵向连接示意图

6.3.4 设计方案评价校核

根据现场实际地质条件以及支护方案，利用 ABAQUS 软件对现场支护拱架建模，进行数值计算，对支护方案合理性进行评价和优化。

1. 数值计算概况

1）模型建立

建立现场工程计算模型，模型尺寸为 140m×140m×0.6m，模型顶部埋深150m，底部在 x、y、z 三个方向进行约束，两侧及前后面进行水平向约束。

2）参数选取

根据现场岩石力学特性试验，模型体单元采用八节点线性六面体单元，采用莫尔-库仑准则，具体力学参数见表 6.5。

表 6.5　围岩力学参数

围岩级别	质量密度/ (kg/m³)	弹性模量 E/GPa	泊松比 v	黏聚力 C/MPa	内摩擦角 φ/(°)
V	2683	3.5	0.3	0.8	29

锚杆采用两节点线性三维桁架单元模拟，布置两排锚杆，锚杆间排距等布置与现场相同。锚杆材料参数与前文数值计算锚杆参数相同，拱架钢材、混凝土材料属性参数与第 3 章相同。

2. 数值计算结果

图 6.21(a)～(c)为围岩、拱架和锚杆应力分布云图，图 6.22 为开挖后位移云图，图 6.23 为拱顶沉降随开挖步的变化曲线。

模型在开挖过程中围岩应力逐渐增大，其中隧道帮部应力最大，拱顶和拱底应力较小，拱顶沉降 2.6cm，小于现场允许变形值。

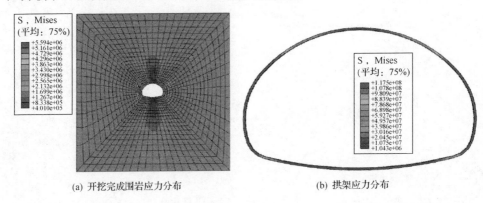

(a) 开挖完成围岩应力分布　　　　　　　　(b) 拱架应力分布

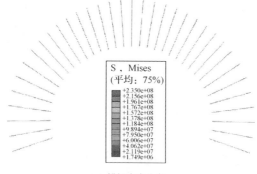

(c) 锚杆应力分布

图 6.21　开挖完成后应力云图

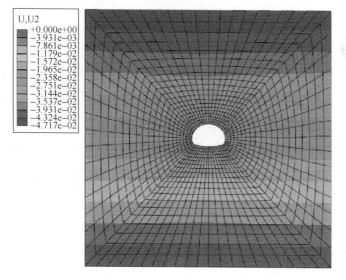

图 6.22　开挖完成位移云图

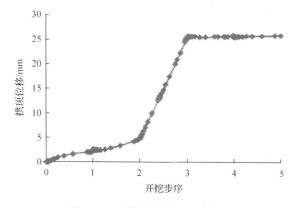

图 6.23　开挖过程拱顶沉降曲线

拱架应力最大位置位于帮部，应力最大为 117.5MPa，远未达到钢材屈服应力，拱架仍具有良好的承载能力。锚杆最大应力为 235MPa，锚杆屈服强度为 400MPa，最大应力仅为屈服强度的 56.25%。

通过数值计算对支护方案的校核，围岩变形较小，符合设计和施工要求，拱架锚杆应力远小于屈服强度，设计方案合理可行。

6.3.5　现场实施

针对大断面交通隧道施工的现场情况，笔者自主设计研发了适用于约束混凝土支护体系的智能装配式施工装备，利用智能安装设备对拱架进行机械化安装。机械安装后进行拱架复测调整、锚杆打设及混凝土喷射等附属工序。支护完成后进行后期跟踪监测。现场实施如图 6.24 所示。

(a) 拱架机械化安装　　　　　　　　　　　　(b) 安装完成

图 6.24　现场实施情况

6.3.6　围岩收敛监测结果

选取典型断面对隧道拱顶沉降及收敛变形、围岩与初支接触压力、拱架应力进行实时监测，如图 6.25 所示。监测断面测点布设主要分布于拱顶、肩部及腰部。

约束混凝土拱架安装完成后的拱顶沉降、周边收敛变形如图 6.26 所示，分析可知：

(1)拱顶沉降曲线呈现明显的三阶段波动特性，在第 10 天、13 天出现两次大的跳跃式增加，主要由于分步开挖导致围岩多次应力重分布，对围岩变形影响显著。

(2)肩部及腰部收敛曲线同拱顶沉降曲线趋势类似，但阶段性跳跃不明显，收敛量拱肩＞拱腰。

(a) 钢筋应力计安装　　　　　　　　(b) 拱架压力盒安装

图 6.25　监测仪器安装

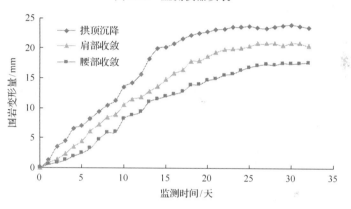

图 6.26　围岩变形时态曲线

　　约束混凝土支护在复杂条件大断面隧道现场施工及监测结果，验证了约束混凝土支护设计方法的合理性。约束混凝土支护体系对复杂条件大断面隧道起到了很好的围岩控制效果。

6.4　本 章 小 结

　　(1)本章提出了约束混凝土支护体系设计方法，指导了约束混凝土支护体系在典型软岩煤矿巷道和复杂条件大断面交通隧道工程中的成功应用。

　　(2)建立了约束混凝土支护体系成套施工工法，现场监测结果表明，在约束混凝土支护体系作用下，现场围岩变形量较原支护方案明显降低，围岩控制效果显著。

　　(3)约束混凝土支护体系作为一种新型支护体系，具有高强、经济等工程优势和很高的推广应用价值。

参 考 文 献

[1] Zhao Y, Zhang Z. Mechanical response features and failure process of soft surrounding rock around deeply buried three-centered arch tunnel [J]. Journal of Central South University, 2015, 22(10): 4064-4073.

[2] 田四明. 堡镇隧道高地应力炭质页岩的变形破坏机制[J]. 北京交通大学学报, 2013, 37(1): 21-26.

[3] 沙鹏, 伍法权, 李响, 等. 高地应力条件下层状地层隧道围岩挤压变形与支护受力特征[J]. 岩土力学, 2015, 36(5): 1407-1414.

[4] 刘高, 聂德新. 高应力软岩巷道围岩变形破坏研究[J]. 岩石力学与工程学报, 2000, (6): 75-78.

[5] Fraldi M, Guarracino F. Analytical solutions for collapse mechanisms in tunnels with arbitrary cross sections[J]. International Journal of Solids & Structures, 2010, 47(2): 216-223.

[6] Fraldi M, Guarracino F. Limit analysis of collapse mechanisms in cavities and tunnels according to the Hoek-Brown failure criterion[J]. International Journal of Rock Mechanics & Mining Sciences, 2009, 46(4): 665-673.

[7] Wang Q, Wang H T, Li S C, et al. Upper bound limit analysis of roof collapse mechanism of large section roadway with thick top coal[J]. Rock and Soil Mechanics, 2014, 35(3): 795-800.

[8] Yoshinaka R, Osada M, Tran T V. Deformation behavior of soft rocks during consolidated-undrained cyclic triaxial testing[J]. International Journal of Rock Mechanics and Mining Sciences & Geomechanics Abstracts, 1996, 36(6): 557-572.

[9] Yoshinaka R, Tran T V, Osada M. Non-linear, stress- and strain-dependent behavior of soft rocks under cyclic triaxial conditions[J]. International Journal of Rock Mechanics and Mining Sciences & Geomechanics Abstracts, 1998, 35(7): 941-955.

[10] Yoshinaka R, Osada M, Tran T V. Pore pressure changes and strength mobilization of soft rocks in consolidated-undrained cyclic[J]. International Journal of Rock Mechanics and Mining Sciences & Geomechanics Abstracts, 1997, 34(5): 715-726.

[11] 陈建平, 蒋宗鑫, 陈志超, 等. 通省隧道变质软岩变形破坏机理及减避措施研究[J]. 铁道建筑, 2012, (12): 47-50.

[12] 谢俊峰, 陈建平. 火车岭隧道软弱围岩大变形特征及机理分析[J]. 武汉科技大学学报(自然科学版), 2007, 30(6): 647-651.

[13] 王树仁, 刘招伟, 屈晓红, 等. 软岩隧道大变形力学机制与刚隙柔层支护技术[J]. 中国公路学报, 2009, 22(6): 90-95.

[14] Rabcewicz L, Surhone L, Timpledon M. New Austrian Tunnelling Method[M]. Montana: Betascript Publishing, 2010.

[15] 郑颖人. 地下工程锚喷支护设计指南[M]. 北京: 中国铁道出版社, 1988.

[16] 于学馥. 地下工程围岩稳定分析[M]. 北京: 煤炭工业出版社, 1983.

[17] 丁志诚, 周小平, 黄煜镔. 考虑中间主应力的太沙基地基极限承载力公式[J]. 岩石力学与工程学报, 2002, 21(10): 1554-1556.

[18] 姜敦超, 吉见吉昭. 太沙基与土力学[J]. 岩土工程学报, 1981, (3): 114-119.

[19] Brown E. Putting the NATM into perspective[J]. Tunnels & Tunnelling International, 1981, 13(10): 13-17.

[20] Grimstad N B E. Rock mass conditions dictate choice between NMT and NATM[J]. Tunnels & Tunnelling International, 1994, 26(3): 135A.

[21] 刘长武. 煤矿软岩巷道的锚喷支护同新奥法的关系[J]. 中国矿业, 2000, 9(1): 61-64.

[22] 赖应得. 能量支护学[M]. 北京: 煤炭工业出版社, 2010.

[23] 傅衣铭. 弹塑性理论[M]. 长沙: 湖南大学出版社, 1996.

[24] 朱汉华, 杨建辉, 尚岳全. 隧道新奥法原理与发展[J]. 隧道建设, 2008, 28(1): 11-14.

[25] Aksoy C O, Kantarci O, Ozacar V. An example of estimation rock mass deformations around an underground opening using numerical modeling[J]. International Journal of Rock Mechanics and Mining Sciences, 2010, (47): 272-280.

[26] Aksoy C. Review of rockmass rating classification: Historical developments, applications and restrictions[J]. Journal of Mining Science, 2008, 44(1): 51-63.

[27] 王勖成. 有限单元法[M]. 北京: 清华大学出版社, 2003.

[28] Pan J Z. Design of substructures and the application of finite element method[J]. Chinese Journal of Geotechnical Engineering, 1980, 2(4): 34-48.

[29] Yu W S, Yang P. Research on deformation forecasting of tunnel surrounding rock based on viscoelastic constitutive behavior[J]. Rock and Soil Mechanics, 2014, 35(Supp.1): 35-41.

[30] Ren W, Cui W, Zhang A, et al. Application study of underground storage cavern stability analysis based on distinct element method[J]. Chinese Journal of Underground Space & Engineering, 2013, 9(z2): 1916-1921.

[31] Wang G J. Mechanical state of jointed rock mass and support structure of large tunnel during construction process[J]. Chinese Journal of Rock Mechanics and Engineering, 2005, 24(8): 1328-1334.

[32] 于学馥. 轴变论与围岩变形破坏的基本规律[J]. 铀矿冶, 1982, (1): 8-10.

[33] 于学馥. 岩石记忆与开挖理论[M]. 北京: 冶金工业出版社, 1993.

[34] 于学馥, 于加. 岩石力学新概念与开挖结构优化设计[M]. 北京: 科学出版社, 1995.

[35] 朱维申, 李术才, 白世伟. 施工过程力学原理的若干发展和工程实例分析[J]. 岩石力学与工程学报, 2003, 22(10): 1586-1591.

[36] 李术才, 朱维申. 时空效应和变载分析原理及其工程应用——岩体施工过程力学的进一步发展[Z]. 2002.

[37] 郑雨天. 岩石力学的弹塑性理论基础[M]. 北京: 煤炭工业出版社, 1988.

[38] 孙钧, 侯学渊. 地下结构[M]. 北京: 科学出版社, 1999.

[39] 何满潮, 邹正盛, 彭涛. 论高应力软岩巷道支护对策[J]. 水文地质工程地质, 1994, 21(4): 7-12.

[40] 何满潮, 景海河, 孙晓明. 软岩工程地质力学研究进展[J]. 工程地质学报, 2000, 8(1): 46-62.

[41] 何满潮, 段庆伟. 调动深部围岩强度 21 世纪软岩巷道支护新方向[C]. 第六次全国岩石力学与工程学术大会. 武汉, 2000: 55-58.

[42] 朱效嘉. 锚杆支护理论进展[J]. 光爆锚喷, 1996, (3): 5-9.

[43] 郑雨天, 祝顺义, 李庶林, 等. 软岩巷道喷锚网-弧板复合支护试验研究[J]. 岩石力学与工程学报, 1993, 12(1): 1-10.

[44] 李庶林, 郑雨天. 软岩巷道复合支护技术新方案[J]. 矿业研究与开发, 1993, 13(1): 46-50.

[45] 宋德彰, 孙钧. 锚喷支护力学机理的研究[J]. 岩石力学与工程学报, 1991, 10(2): 197-204.

[46] 董方庭, 郭志宏. 巷道围岩松动圈支护理论[J]. 锚杆支护, 1997, (2): 5-9.

[47] 董方庭, 宋宏伟. 巷道围岩松动圈支护理论及应用技术[M]. 北京: 煤炭工业出版社, 2001.

[48] 郭志宏, 董方庭. 围岩松动圈与巷道支护[J]. 矿山压力与顶板管理, 1995, (3): 111-114.

[49] 董方庭, 宋宏伟. 巷道围岩松动圈支护理论[J]. 煤炭学报. 1994, 19(1): 21-32.

[50] 方祖烈. 拉压域特征及主次承载区的维护理论[J]//世纪之交软岩工程技术现状与展望. 北京: 煤炭工业出版社, 1999.

[51] 李继良, 任天贵, 高谦. 深部围岩区域拉压理论及其基于神经网络的工程应用研究[J]. 矿业研究与开发, 1999, 19(6): 1-4.

[52] 朱建明, 徐秉业, 任天贵, 等. 巷道围岩主次承载区协调作用[J]. 中国矿业, 2000, 9(2): 41-44.

[53] 朱建明, 黄植旺, 徐秉业. 锚杆支护巷道围岩主次承载区协调作用的力学分析[J]. 工程力学, 2000, (A02): 461-466.

[54] 余伟健, 高谦, 余良晖. 松散围岩强化支护技术研究及其可靠性分析[J]. 金属矿山, 2006, (6): 23-26.

[55] 李常文, 周景林, 韩洪德. 组合拱支护理论在软岩巷道锚喷设计中应用[J]. 辽宁工程技术大学学报, 2004, 23(5): 594-596.

[56] 杨双锁. 煤矿回采巷道围岩控制理论探讨[J]. 煤炭学报, 2010, (11): 1842-1853.

[57] 闫鑫. 高地应力软岩隧道超前应力释放变形控制机理及技术研究[D]. 北京: 中国铁道科学研究院, 2012.

[58] Jiang B, Wang Q, Li S C, et al. The research of design method for anchor cables applied to cavern roof in water-rich strata based on upper-bound theory[J]. Tunnelling and Underground Space Technology, 2016, 53: 120-127.

[59] 靖洪文. 软岩工程支护理论与技术[M]. 徐州: 中国矿业大学出版社, 2008.

[60] 李贵兴, 弥金霞. 锚网喷支护技术在水电工程中的应用研究[J]. 科技与企业, 2013, (4): 144.

[61] 蒋庆飞. 锚网喷支护技术的研究分析[J]. 科技视界, 2014, (30): 296.

[62] 杨其新, 仇文革, 关宝树. 格栅钢架的特征曲线分析[J]. 铁道标准设计, 1995, (6): 45-47.

[63] 赵天安. 格栅钢架支护在高应力区的应用探讨[Z]. 大理: 2007, 35-38.

[64] Susantha K A S, Ge H, Usami T. Uniaxial stress-strain relationship of concrete confined by various shaped steel tubes[J]. Engineering Structures, 2001, 23(10): 1331-1378.

[65] Inai E, Mukai A, Kai M, et al. Behaviour of concrete-filled steel tube beam columns[J]. Journal of Structural Engineering, 2004, 130(2): 189-202.

[66] Fujimoto T, Mukai A, Nishiyama I, et al. Behavior of eccentrically loaded concrete-filled steel tubularcolumns[J]. Journal of Structural Engineering, 2004, 130(2): 203-212.

[67] Lin L H X. Tests on cyclic behavior of concrete-filled hollow structural steel columns after exposure to the ISO-834 standard fire[J]. Journal of Structural Engineering, 2004, 130(11): 1807-1819.

[68] Liew J Y R, Teo T H, Shanmugam N E. Composite joints subject to reversal of loading Part 1: Experimental study[J]. Journal of Constructional Steel Research, 2004, 60(2): 221-246.

[69] Gardner A P, Goldsworthy H M. Experimental investigation of the stiffness of critical components in amoment-resisting composite connection[J]. Journal of Constructional Steel Research, 2005, 61(5): 709-726.

[70] Goldsworthy H, Gardner A P. Feasibility study for blind-bolted connections to concrete-filled circular steel tubular columns[J]. Structural Engineering and Mechanics, 2006, 24(4): 463-478.

[71] Loh H Y, Uy B, Bradford M A. The effects of partial shear connection in composite flush end plate joints: Part I experimental study[J]. Journal of Constructional Steel Research, 2006, 62(4): 378-390.

[72] Ping Z, Nianjie M, Wei J, et al. Combined support technology of large section roadway in high-stress fractured surrounding rock[J]. Procedia Engineering, 2011, 26: 1270-1278.

[73] 文竞舟, 张永兴, 王成, 等. 钢拱架应力反分析隧道初期支护力学性能的研究[J]. 土木工程学报, 2012, (2): 170-175.

[74] 文竞舟, 杨春雷, 粟海涛, 等. 软弱破碎围岩隧道锚喷钢架联合支护的复合拱理论及应用研究[J]. 土木工程学报, 2015, (5): 115-122.

[75] 王克忠, 刘耀儒, 王玉培, 等. 引水隧洞复合支护钢拱架变形特性及围岩稳定性研究[J]. 岩石力学与工程学报, 2014, (2): 217-224.

[76] 陈丽俊, 张运良, 马震岳, 等. 软岩隧洞锁脚锚杆-钢拱架联合承载分析[J]. 岩石力学与工程学报, 2015, (1): 129-138.

[77] 徐帮树, 杨为民, 王者超, 等. 公路隧道型钢喷射混凝土初期支护安全评价研究[J]. 岩土力学, 2012, 33(1): 248-254.

[78] 杜林林, 王秀英, 刘维宁. 软弱围岩隧道预衬砌支护参数研究[J]. 现代隧道技术. 2013, (5): 80-86.

[79] 赵勇, 刘建友, 田四明. 深埋隧道软弱围岩支护体系受力特征的试验研究[J]. 岩石力学与工程学报, 2011, 30(8): 1664-1669.

[80] 杨善胜. 软弱围岩隧道合理支护型式研究[D]. 西安: 长安大学, 2008.

[81] 江玉生, 江华, 王金学, 等. 公路隧道 V 级围岩初支型钢支架受力分布及动态变化研究[J]. 工程地质学报, 2012, 20(3): 453-458.

[82] 曲海锋, 朱合华, 黄成造, 等. 隧道初期支护的钢拱架与钢格栅选择研究[J]. 地下空间与工程学报, 2007, (2): 258-262.

[83] 沈才华, 童立元. 钢拱架柔性支撑稳定性预测判别方法探讨[J]. 土木工程学报, 2007, 40(3): 88-91.

[84] 颜治国, 戴俊. 隧道钢拱架支护的失稳破坏分析与对策[J]. 西安科技大学学报, 2012, 32(3): 348-352.

[85] Mortazavi A, Tabatabaei A F. A numerical study of the behavior of fully grouted rockbolts under dynamic loading[J]. Soil Dynamics and Earthquake Engineering, 2013, 54: 66-72.

[86] Martín L, Tijani M, Hadj-Hassen F, et al. Assessment of the bolt-grout interface behaviour of fully grouted rock bolts from laboratory experiments under axial loads[J]. International Journal of Rock Mechanics & Mining Sciences, 2013, (63): 50-61.

[87] 李立新, 邹金锋. 破碎岩体隧道注浆参数确定方法[J]. 中南大学学报(自然科学版), 2013, (8): 3432-3440.

[88] 雷彦宏. 隧道软弱围岩支护理论研究[J]. 科协论坛(下半月), 2011, (2): 8-9.

[89] 黄林伟, 刘新荣, 杨桦, 等. 软岩隧道不同支护方法的数值分析和效应探讨[J]. 地下空间与工程学报, 2011, (1): 77-82.

[90] 高峰, 胡蓉, 谭绪凯. 隧道注浆加固模型试验研究[J]. 重庆交通大学学报(自然科学版), 2014, (4): 44-47.

[91] Shehata I, Carneiro L, Shehata L. Strength of short concrete columns confined with CFRP sheets[J]. Materials & Structures, 2001, 35(1): 50-58.

[92] Elremaily A, Azizinamini A. Behavior and strength of circular concrete-filled tube columns[J]. Journal of Constructional Steel Research, 2002, 58(12): 1567-1591.

[93] Baig M N, Fan J, Nie J. Strength of concrete filled steel tubular columns[J]. Tsinghua Science & Technology, 2006, 11(6): 657-666.

[94] 傅学怡, 李元齐, 雷敏, 等. 超大截面矩形约束混凝土柱钢-混凝土共同工作合理构造措施[J]. 土木工程学报, 2013, (12): 33-42.

[95] 钟善桐. 约束混凝土拱桥设计中的几个问题[J]. 哈尔滨建筑大学学报, 2000, 33(2): 10-12.

[96] 蔡绍怀. 我国约束混凝土结构技术的最新发展[J]. 土木工程学报, 1999, 32(4): 22-30.

[97] 韩林海, 陶忠. 方钢管混凝土轴压力学性能的理论分析与试验研究[J]. 2001, 2: 17-25.

[98] Ichinose L, Watanabe E, Nakai H. An experimental study on creep of concrete filled steel pipes[J]. Journal of Constructional Steel Research, 2001, 57(4): 453-466.

[99] Yamada C, Morino S, Kawaguchi J, et al. Creep behavior of concrete-filled steel tubular members[J]. Research Reports of the Faculty of Engineering Mie University, 2010, 20(1): 83-98.

[100] 陈宝春, 陈友杰, 王来永, 等. 钢管混凝土偏心受压应力–应变关系模型研究[J]. 中国公路学报, 2004, 17(1): 24-28.

[101] 蔡绍怀. 现代约束混凝土结构[M]. 北京: 人民交通出版社, 2007.

[102] 钟善桐. 钢管混凝土结构在我国的应用和发展[J]. 建筑技术, 2001, 32(2): 80-82.

[103] 韩林海. 现代约束混凝土结构技术[M]. 北京: 中国建筑工业出版社, 2007.

[104] 聂建国, 赵洁, 柏宇. 约束混凝土核心柱轴压极限承载力[J]. 清华大学学报(自然科学版), 2005, (9): 1153-1156.

[105] 刘国磊. 约束混凝土支架性能与软岩巷道承压环强化支护理论研究[D]. 北京: 中国矿业大学, 2013.

[106] 符华兴. 约束混凝土支撑在不良地质隧道中的应用[J]. 铁道标准设计通讯, 1984, 3: 11-16.

[107] 谷拴成, 刘皓东. 约束混凝土拱架在地铁隧道中的应用研究[J]. 铁道建筑, 2009, (12): 56-60.

[108] 王强, 臧德胜. 约束混凝土支架模型力学性能试验研究[J]. 建井技术, 2008, (2): 33-35.

[109] 臧德胜, 李安琴. 钢管砼支架的工程应用研究[J]. 岩土工程学报, 2001, (3): 342-344.

[110] 臧德胜, 韦潞. 约束混凝土支架的研究和实验室试验[J]. 建井技术. 2001(6): 25-28.

[111] 高延法, 王波, 王军, 等. 深井软岩巷道约束混凝土支护结构性能试验及应用[J]. 岩石力学与工程学报, 2010, (S1): 2604-2609.

[112] 孟德军. 杨庄矿软岩巷道约束混凝土支架支护理论与技术研究[D]. 北京: 中国矿业大学, 2013.

[113] 李学彬, 高延法, 杨仁树, 等. 巷道支护约束混凝土支架力学性能测试与分析[J]. 采矿与安全工程学报, 2013, 30(6): 817-821.

[114] 李学彬. 约束混凝土支架强度与巷道承压环强化支护理论研究[D]. 北京: 中国矿业大学, 2012.

[115] 王波. 软岩巷道变形机理分析与约束混凝土支架支护技术研究[D]. 北京: 中国矿业大学, 2009.

[116] Wang Q, Jiang B, Shao X, et al. Mechanical properties of square steel confined concrete quantitative pressure-relief arch and its application in a deep mine[J]. International Journal of Mining, Reclamation and Environment, 2015, (37): 55-69.

[117] Wang Q, Jiang B, Li S C, et al. Experimental studies on the mechanical properties and deformation & failure mechanism of U-type confined concrete arch centering[J]. Tunnelling and Underground Space Technology, 2016, (51): 20-29.

[118] Wang Q, Jiang B, Li Y, et al. Mechanical behaviors analysis on a square steel confined-concrete arch centering and its engineering application[J]. European Journal of Environmental and Civil Engineering, 2015, (28): 45-57.

[119] 王琦, 王德超, 李为腾, 等. U 型约束混凝土拱架力学性能及变形破坏机制试验[J]. 煤炭学报, 2015, 40(5): 1021-1029.

[120] 王琦, 邵行, 李术才, 等. 方钢约束混凝土拱架力学性能及破坏机制[J]. 煤炭学报, 2015, 40(4): 922-930.

[121] 李为腾, 王琦, 李术才, 等. 方钢约束混凝土拱架套管节点抗弯性能研究[J]. 中国矿业大学学报, 2015, 44(6): 1072-1083.

[122] 王琦, 李术才, 王汉鹏, 等. 可缩式约束混凝土支架力学性能及经济效益[J]. 山东大学学报(工学版), 2011, 41(5): 103-108.

[123] 李为腾, 王琦, 王德超, 等. 矿用 U 型约束混凝土拱架轴压短柱试验研究及应用[J]. 采矿与安全工程学报, 2014, 31(2): 1-9.

[124] 王琦, 李术才. 让压型约束砼拱架高强立体支护体系: 中国, 201220535722.3[P].

[125] 李术才, 王琦. 深部软岩巷道三维预应力钢绞线壁后充填支架支护体系: 中国, 201210359641.7[P].

[126] 王琦, 李为腾, 李术才, 等. 深部巷道 U 型约束混凝土拱架力学性能及支护体系现场试验研究[J]. 中南大学学报, 2015, 46(6): 2250-2260.

[127] 李术才, 邵行, 江贝, 等. 深部巷道方钢约束混凝土拱架力学性能及影响因素研究[J]. 中国矿业大学学报, 2015, 44(3): 400-408.

[128] 王琦, 李术才. 适用于地下工程支护拱架的定量让压点: 中国, 201210398001.7 [P].

[129] 臧德胜, 韦潞. 约束混凝土支架的研究和实验室试验[J]. 建井技术, 2001, (6): 25-28.

[130] Abdel-Rahman N, Sivakumaran K S. Material Properties model for analysis of cold-formed steel members [J]. Journal of Structural Engineering, ASCE, 1997, 123(9): 1135-1143.

[131] Karren K W, Winter G. Effects of cold-forming on light-gage steel members[J]. American Society of Civil Engineers, ASCE, 1967, 93(ST1): 433-469.

[132] 韩林海. 钢管混凝土结构: 理论与实践[M]. 北京: 科学出版社, 2007.